走进混沌世界

赵文礼 编著

电子工业出版社
Publishing House of Electronics Industry
北京·BEIJING

内 容 简 介

混沌与分形及其演化的内容是非线性科学中十分活跃、涉及范围极为广阔的领域，几乎涵盖了日常生活和工程实际的各个方面，有必要像数学中的勾股定理一样推广普及，变成人人皆知的科学常识。正是基于此，本书试图写成一本近似科普的大众通识读物。书中尽可能避开复杂冗长的数学推导，力求图文并茂，深入浅出，通俗易懂，让更多的普通读者能够了解混沌是如何演化出来的，什么是蝴蝶效应，什么是生物繁衍规律，什么是分形，什么是元胞自动机，什么是自组织，什么是狭义相对论，什么是广义相对论中的混沌，什么是量子叠加态、量子纠缠态和量子混沌，如何实现混沌控制，如何利用混沌进行保密通信，如何利用孤子进行光纤通信，如何利用湍流理论解释自然科学和日常生活中的涡旋现象，等等。

全书共8章。第1章介绍了混沌理论的基础知识；第2章介绍了分形理论和重整化群；第3章介绍了混沌控制与同步；第4章介绍了混沌保密通信和光孤子通信；第5章介绍了元胞自动机；第6章介绍了自组织理论；第7章介绍了自然界中的涡旋现象；第8章简单介绍了广义相对论中的混沌和量子混沌。书中提供了用MATLAB绘制的相关图形，MATLAB程序也以附录形式给出，以供读者参考。书中试图用平实的语言描述和直观的图形表达作为主基调，让读者能够轻松阅读。对我们学习以混沌的视角观察世界，像物理学家一样思考问题是很有裨益的。

本书可供从事混沌与分形及非线性理论与应用研究的教师、科技工作者参考，也可作为科普爱好者的通识读物，还可作为信息、通信、机械、力学、测控等专业的研究生或本科生相关课程的参考书。

未经许可，不得以任何方式复制或抄袭本书之部分或全部内容。
版权所有，侵权必究。

图书在版编目（CIP）数据

走进混沌世界 / 赵文礼编著. -- 北京 ：电子工业出版社，2024. 8. -- ISBN 978-7-121-48740-8
Ⅰ. O415.5
中国国家版本馆 CIP 数据核字第 2024Z3P694 号

责任编辑：常魏巍
印　　刷：大厂回族自治县聚鑫印刷有限责任公司
装　　订：大厂回族自治县聚鑫印刷有限责任公司
出版发行：电子工业出版社
　　　　　北京市海淀区万寿路173信箱　邮编：100036
开　　本：787×1 092　1/16　印张：11.25　字数：306千字
版　　次：2024年8月第1版
印　　次：2024年8月第1次印刷
定　　价：69.00元

凡所购买电子工业出版社图书有缺损问题，请向购买书店调换。若书店售缺，请与本社发行部联系，联系及邮购电话：（010）88254888，88258888。
质量投诉请发邮件至 zlts@phei.com.cn，盗版侵权举报请发邮件至 dbqq@phei.com.cn。
本书咨询联系方式：（010）88254506，changww@phei.com.cn。

Foreword 序言

自从美国气象学家爱德华·洛伦兹（Edward N. Lorenz）从"三维自治动力系统"中发现混沌（chaos）以来，开启了非线性科学研究的新历程。洛伦兹 1963 年在一篇提交纽约科学院的论文中分析了一种大气变幻莫测的现象，他形容为"南美洲亚马孙河流热带雨林中的一只蝴蝶扇动翅膀，数周后可以引起美国得克萨斯州的一场飓风"。后来这个现象被形象地称为蝴蝶效应，也称为混沌现象。混沌现象是指，在一个非线性动力系统中，初始条件的微小变化会引起整个系统的连锁反应，最终导致不可预测的混沌结果，反映了混沌对初始条件的敏感依赖性。

西方有一则古老的寓言形象地说明了蝴蝶效应："丢失一颗钉子，坏了一只蹄铁；坏了一只蹄铁，折了一匹战马；折了一匹战马，伤了一位骑士；伤了一位骑士，输了一场战争；输了一场战争，亡了一个帝国。"这个寓言说明不为人注意的细节可能会导致全局的失败。洛伦兹建立的"三维自治方程"则从理论上对蝴蝶效应赋予了完美的诠释。

在我们的日常生活中，到处都存在着混沌现象。"大漠孤烟直"，一阵清风袭来，孤烟四下飘散乱作一团；"长河落日圆"，一片乌云飘过，瞬间光芒四射变成晚霞。这是大自然中的混沌。打开水龙头，起初水流平稳，随后变得湍急；高速公路上车辆开始平稳有序地行驶，而后出现拥堵。这是日常生活中的混沌。大到台风、龙卷风的涡旋运动，小到秋叶飘落，香烟缭绕，这是不同尺度下的混沌。苏东坡笔下的西湖："黑云翻墨未遮山，白雨跳珠乱入船。卷地风来忽吹散，望湖楼下水如天。"这是诗一般湖光山色变幻莫测的混沌。混沌无处不在，就在我们身边。

同样，在工程实际中，混沌也无处不在。机械、电子、通信、生物等各种领域都可能存在混沌现象。因为在这些系统中非线性因素是绝对的，线性是相对的。只要有非线性，就必然会演化出混沌。

非线性系统的充分演化会导致混沌，从而产生奇怪吸引子。奇怪吸引子具有结构不规则和无穷层次的自相似特性，它的图形的维数不是整数而是分数。美国数学家曼德勃罗（Mandelbrot）于 1982 年出版了第一本有关分形（fractal）的专著《自然界的分形几何》（*The Fractal Geometry of Nature*），阐述了分形几何的基本理论。分形几何的图形不是整数维，而是分数维，它和混沌吸引子一样具有无穷嵌套的自相似结构。所以，混沌是时间域上的分形，分形则是空间域上的混沌。混沌和分形最基本的特征是多尺度，混沌通过伸长和折叠而形成多尺度，分形同样具有多尺度特征或称无特征尺度，因此它们必然是由大大小小不同尺度的自相似性结构所构成的。例如，一块磁铁中的每一部分都像整体一样具有南北两极，不断分割下去，每一部分都具有和整块磁铁相同的磁极结构。这种多层次的自相似结构，适当地放大或缩小几何尺寸，系统特性不会改变。在生物系统中，涡虫被切割成若干段，很快每一段又能生长出一个新的涡虫，这是因为它的每一段都与原始涡虫具有严格的自相似结构。流体力学中的湍流由大大小小不同尺度且具有自相似结构的涡旋叠合而成。

分形维数是对分形的一种定量描述。有了分形的概念，对一类用经典的整数维无法描述的几何图形，如绵延起伏的山脉、蜿蜒曲折的江河、曲曲弯弯的海岸线、粗糙不平的断面、漫天飞舞的雪花、五花八门的树枝，甚至千姿百态的花叶，都可以利用分形的概念完美地描绘出来。分形犹如神来之笔，用简单无奇的方法描绘出纷繁复杂的大千世界。

美国物理学大师约翰·惠勒（John Wheeler）说过，今后谁不熟悉分形，谁就不能被称为科学界的文化人。由此可见分形的重要性。中国著名学者周海中教授认为，分形几何不仅展示了数学之美，也揭示了世界的本质，还改变了人们理解自然奥秘的方式。可以说，分形几何是真正描述大自然的几何学，对它的研究也极大地拓展了人类的认知范围。

混沌的进一步扩展，延伸出混沌控制与保密通信、元胞自动机、自组织理论、自然界的涡旋现象、广义相对论中的混沌以及量子混沌等众多分支，几乎覆盖了自然科学及社会科学的方方面面。人们研究的方式也从连续系统（如洛伦兹方程）到时间连续、状态离散的系统（如逻辑斯谛映射），进而再到时间、空间、状态都是离散的系统（如元胞自动机）。

20世纪50年代，计算机之父冯·诺依曼（von Neumann）提出了一个没有固定数学公式的模型，叫作元胞自动机（Cellular Automate）。元胞自动机运用时间、空间、状态都离散的结构，每个变量只取有限多个状态的局部规则的建模方法，借助计算机可以把系统中各个因素之间的非线性关系转化为可执行的程序，用网格动力学模型模拟复杂的、全局的、连续的系统，为人们提供了运用简单方法研究复杂动态系统的有效手段，在各个科学领域获得越来越广泛的应用。元胞自动机成功地解决了机器可以自我复制的问题，成为人工生命科学的先驱，甚至有可能在自组织和人工智能的发展中开启"硅基生命"的新篇章。

正如英国剑桥大学教授约翰·葛瑞本（John Gribbin）所说："混沌导致复杂，复杂开启生命。"以耗散结构论、协同论、突变论、混沌理论、分形理论、自组织临界和混沌边缘等若干关于系统演化的理论为基础形成的自组织理论，以复杂系统的观点和分析方法来解释自然界和人类社会中的复杂现象，探索复杂现象形成和演化的基本规律，研究从自然界中非生命的物理、化学过程怎样过渡到有生命的生物现象，以及人类社会从低级走向高级的进化过程等，成为复杂性科学的前沿课题。

混沌保密通信和光孤子通信也是当前重要的研究领域之一。普通的通信方式不管是调幅波还是调频波，其载波信号一般都是周期性信号，几乎没有保密功能。与普通通信方式不同，混沌保密通信是将混沌系统作为载体，把被传输的信息源加在某一由混沌系统产生的混沌信号上，生成混合的类噪声信号，即对信息源进行混合加密变换。该混合信号发送到接收器上后，再由一个与发送端同步的混沌系统分离出其中的混沌信号，即实施解密，恢复出原发送的信息源。显然，只有实现对混沌系统的有效控制，才能保证解密接收端和加密端的混沌同步。所以混沌控制是包括混沌保密通信在内的所有混沌应用的关键所在，是混沌发展过程中的重要应用研究内容。

宇宙起始，混沌初开。世界许多民族都有关于宇宙万物起源的古老的传说，在我国就有盘古开天辟地的神话故事。过去的蒙学读本《幼学琼林》一开始就说："混沌初开，乾坤始奠，气之轻清上浮者为天，气之重浊下凝者为地。"然而，真正揭开宇宙神秘面纱的是爱因斯坦的相对论。爱因斯坦的广义相对论方程是由十个方程组成的二阶非线性偏微分方程组，如此复杂的非线性数学模型，可以设想隐藏着更多的混沌现象。相对论就像一座神圣的殿堂，殿堂里充满了神奇的变化和故事，每一个变化都由于非线性的作用可能蕴含着某种蝴蝶效应，而我们也许还游历在殿堂之外。只有借助先进的天文望远镜和计算机等手段进行更深入的研究，才有可能完全揭开它神秘的面纱。不过有一点可以肯定，混沌存在于宇宙结构的各个层次中。

经典力学系统中的混沌源于系统对初值的敏感依赖性，它使得在相空间中的相邻轨道按指数型分离。然而对量子力学来说，因不存在相空间轨道的概念，对量子混沌问题的讨论自然有别于经典力学系统。不过根据对应原理，在经典力学系统中规则的周期运动和不规则的混沌运动应该在量子力学中也存在对应的情况，即量子规则周期运动和量子不规则运动，对此问题的研究导致了量子混沌学。描述量子力学最具权威性的理论公式是薛定谔方程。在量子世界中，量子的相关概念完全颠覆了我们在宏观世界的认知。人们对量子系统混沌运动的理论及实验的深入研究，必将大大推动量子力学的发展。

混沌与分形及其演化的内容是非线性科学中十分活跃、涉及范围极为广阔的领域，几乎涵盖了日常生活和工程实际的各个方面。有必要像数学中的勾股定理一样推广普及，变成人人皆知的科学常识。引领非线性爱好者进入美妙的混沌世界，看到一个变化万千的神秘宫殿。同时让混沌从神秘的宫殿走出来，应用于工程实际，如混沌保密通信和光孤子通信，以及量子保密通信等前沿性科学。正是基于此，本书试图写成一本近似科普的大众通识读物。书中尽可能避开复杂冗长的数学推导，力求图文并茂，深入浅出，通俗易懂，让更多的普通读者能够了解混沌是如何演化出来的，什么是蝴蝶效应，什么是生物繁衍规律，什么是分形，什么是元胞自动机，什么是自组织，什么是狭义相对论，什么是广义相对论中的混沌，什么是量子叠加态、量子纠缠态和量子混沌，如何实现混沌控制，如何利用混沌进行保密通信，如何利用孤子进行光纤通信，如何利用湍流理论解释自然科学和日常生活中的涡旋现象，等等。

全书共8章。第1章介绍了混沌理论的基础知识；第2章介绍了分形理论和重整化群；第3章介绍了混沌控制与同步；第4章介绍了混沌保密通信和光孤子通信；第5章介绍了元胞自动机；第6章介绍了自组织理论；第7章介绍了自然界中的涡旋现象；第8章简单介绍了广义相对论中的混沌和量子混沌。书中用MATLAB绘制了所有相关图形，MATLAB程序也以附录形式给出，以供读者参考。每章都配有相关应用的实例介绍。书中试图用平实的语言描述和直观的图形表达作为主基调，让读者能够轻松阅读。同时为了使有一定数学、物理基础的读者更深刻地理解混沌理论，书中也保留了一些必要的数学表达，可以引导有需要且感兴趣的读者直接从数学角度进行深入思考。再者完全用语言描述而忽略基本的数学公式，也很难把含义说清楚。不过对于普通读者而言，避开数学公式，仅从语言描述和大量有趣的图形也完全可以领悟到混沌的魅力，以及书中与混沌相关的所有非线性的奇妙之处，对我们学习以混沌的视角观察世界，像物理学家一样思考问题很有裨益。

本书参考了很多国内外学者和同行的著作及论文，都列举在参考文献中，在此深表谢意。

由于作者学识所限，疏漏和不足之处在所难免，恳请读者不吝指正。

作　者
2023年8月于杭州

目录 Contents

第 1 章 混沌基础理论浅析 … 1
1.1 杜芬振子如何演化出混沌 … 1
1.1.1 线性系统特性 … 1
1.1.2 杜芬方程及其混沌 … 4
1.1.3 杜芬振子的应用 … 9
1.2 蝴蝶效应与洛伦兹方程 … 9
1.2.1 混沌的定义 … 10
1.2.2 洛伦兹方程 … 11
1.2.3 应用实例 … 14
1.2.4 日常生活中的蝴蝶效应 … 15
1.3 逻辑斯谛方程与人口模型 … 16
1.3.1 逻辑斯谛连续方程 … 16
1.3.2 逻辑斯谛映射方程 … 18
1.3.3 倍周期分岔中的费根鲍姆常数和多尺度现象 … 22
1.4 符号动力学初步 … 23
1.4.1 符号动力学的"字提升法" … 23
1.4.2 逻辑斯谛映射的超稳定轨道参数求解 … 24
1.5 随机共振 … 28
1.5.1 非线性朗之万方程 … 28
1.5.2 随机共振系统 … 29
1.6 圆映射与阿诺德舌 … 31
1.7 李雅普诺夫指数 … 35
1.7.1 李雅普诺夫指数的数学描述 … 35
1.7.2 几种典型映射的李雅普诺夫指数 … 36

第 2 章 分形理论与重整化群 … 43
2.1 分形维数 … 43
2.1.1 自相似维数 … 44
2.1.2 豪斯多夫维数 … 44
2.1.3 容量维和盒维数 … 46

2.2 朱利亚集和曼德勃罗集 …… 47
    2.2.1 朱利亚集 …… 47
    2.2.2 曼德勃罗集 …… 49
2.3 日常生活中的分形现象 …… 50
2.4 分形在工程实际中的应用 …… 51
2.5 自相似行为的重整化群 …… 51

第3章 混沌控制与同步 …… 56
3.1 混沌控制 …… 56
3.2 外加正弦驱动力控制方法 …… 57
    3.2.1 外加正弦驱动力控制原理 …… 57
    3.2.2 仿真实例 …… 59
3.3 时间延迟反馈控制方法 …… 62
    3.3.1 时间延迟反馈控制原理 …… 62
    3.3.2 数值仿真 …… 63
3.4 反馈控制实验 …… 65
3.5 自适应控制方法 …… 67
3.6 混沌同步 …… 69
    3.6.1 混沌同步的类型 …… 70
    3.6.2 实现混沌同步的方法 …… 71

第4章 混沌保密通信与光孤子通信 …… 74
4.1 信号的载波通信方式 …… 74
4.2 信号混沌加密的通信方式 …… 76
    4.2.1 混沌掩盖 …… 78
    4.2.2 混沌键控 …… 78
    4.2.3 混沌调制 …… 79
    4.2.4 混沌加密的一般步骤 …… 81
4.3 孤立波及光孤子通信 …… 81
    4.3.1 一个奇特的水波 …… 81
    4.3.2 色散效应与KdV方程 …… 82
4.4 光孤子通信 …… 85
    4.4.1 全光型孤立子通信 …… 86
    4.4.2 非线性薛定谔光学孤立波方程 …… 86

第5章 元胞自动机 …… 89
5.1 元胞自动机的起源与发展 …… 89

- 5.2 元胞自动机的基本概念和定义 ·· 89
- 5.3 元胞自动机的构成及演化规则 ·· 91
  - 5.3.1 元胞 ·· 91
  - 5.3.2 元胞空间 ··· 91
  - 5.3.3 邻居 ·· 93
  - 5.3.4 元胞自动机的演化规则 ··· 94
- 5.4 元胞自动机的特征 ·· 94
- 5.5 几种典型的元胞自动机 ·· 95
  - 5.5.1 斯蒂芬·沃尔夫勒姆和初等元胞自动机 ··························· 96
  - 5.5.2 元胞自动机分类 ·· 100
  - 5.5.3 基于184号规则的交通仿真应用 ··································· 104
- 5.6 康威的"生命游戏" ·· 106
- 5.7 凝聚扩散模型 ·· 109
- 5.8 兰顿蚂蚁 ·· 112
- 5.9 元胞自动机的仿真实现 ·· 114
- 5.10 元胞自动机的应用 ··· 117

第6章 自组织理论 ·· 118
- 6.1 自组织基本概念 ··· 118
  - 6.1.1 贝纳德对流实验 ·· 119
  - 6.1.2 涡旋 ··· 119
  - 6.1.3 激光 ··· 120
  - 6.1.4 孕育生命的温床 ·· 120
  - 6.1.5 自组织临界 ·· 120
  - 6.1.6 事件发生的频率与大小的关系 ····································· 121
  - 6.1.7 被打断了的平衡 ·· 121
- 6.2 自组织理论的历史及特征 ·· 122
- 6.3 自组织理论的建立与发展 ·· 123
  - 6.3.1 耗散结构论 ·· 123
  - 6.3.2 协同学 ·· 124
  - 6.3.3 突变论 ·· 124
  - 6.3.4 混沌和分形理论 ·· 124

第7章 自然界中的涡旋现象 ·· 128
- 7.1 伯努利方程 ··· 128
  - 7.1.1 空吸原理 ··· 128

		7.1.2 文特利流速计	129
		7.1.3 空气流动的上举力	130

7.2 层流、湍流和涡旋 ·· 131
7.3 流体涡旋是怎样形成的 ······································ 132
7.4 涡旋的分形结构 ·· 133
7.5 自然界中的涡旋现象 ·· 133
　　7.5.1 涡旋星系 ·· 134
　　7.5.2 幸运的地球 ·· 136
　　7.5.3 台风 ·· 137
　　7.5.4 龙卷风 ··· 138
　　7.5.5 沙尘暴 ··· 139
　　7.5.6 机翼翼尖的涡旋 ····································· 140
　　7.5.7 日常生活中的涡旋 ································· 141

第8章 混沌的展望 ·· 143

8.1 牛顿的经典力学 ·· 143
8.2 爱因斯坦的相对论力学 ······································ 146
　　8.2.1 狭义相对论 ·· 146
　　8.2.2 广义相对论与混沌 ································· 147
8.3 量子混沌 ··· 151
　　8.3.1 什么是量子 ·· 151
　　8.3.2 量子叠加态和纠缠态 ····························· 153
　　8.3.3 量子隧穿效应 ·· 157
　　8.3.4 量子混沌 ·· 159

后记 ·· 165

参考文献 ··· 167

第 1 章
混沌基础理论浅析

1.1 杜芬振子如何演化出混沌[1-2]

杜芬（Duffing）1918 年就提出了非线性振子，Moon 和 Holmes 在 1979 年做了如图 1.1 所示的实验，并建立了杜芬方程，如式（1.1）。后来人们将数学上含有弹性三次项的二阶非线性方程统称为杜芬方程。图 1.1 所示模型是在正弦驱动力作用下的磁弹性片实验装置，其无量纲形式的动力学方程为[1]

$$\frac{d^2 x}{dt^2} + r\frac{dx}{dt} - x + x^3 = F\cos\omega t \tag{1.1}$$

式中，$r\dot{x}\left(r\dfrac{dx}{dt}\right)$ 为阻尼项，$-x+x^3$ 为非线性恢复力，$F\cos\omega t$ 为驱动力，F 为驱动力的幅值。

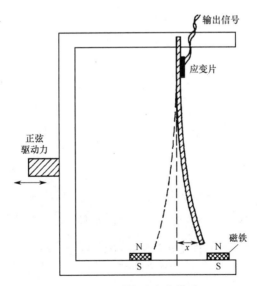

图 1.1 磁弹性片实验模型

1.1.1 线性系统特性[3]

式（1.1）中，当不存在非线性项，仅有线弹性恢复力时，不会出现负的刚度，方程变为

$$\frac{\mathrm{d}^2 x}{\mathrm{d}t^2} + r\frac{\mathrm{d}x}{\mathrm{d}t} + x = F\cos\omega t \tag{1.2a}$$

式（1.2a）为二阶常系数非齐次线性微分方程，其通解应为齐次方程的通解加非齐次方程的一个特解，其中齐次方程为

$$\frac{\mathrm{d}^2 x}{\mathrm{d}t^2} + r\frac{\mathrm{d}x}{\mathrm{d}t} + x = 0 \tag{1.2b}$$

特征方程为 $\lambda^2 + r\lambda + 1 = 0$，解得特征根 $\lambda = -\dfrac{r}{2} \pm \mathrm{j}\dfrac{1}{2}\sqrt{4 - r^2}$，所以齐次通解为

$$x(t) = C\mathrm{e}^{-\frac{r}{2}t}\cos\left(\frac{1}{2}\sqrt{4 - r^2}\,t + \theta\right) \tag{1.2c}$$

由线性系统特性，激励是正弦型函数，响应也必定是正弦型函数，不妨设非奇次方程的特解为 $x = A\mathrm{e}^{\mathrm{j}\omega t}$，代入式（1.2a），解得非齐次方程特解的形式见式（1.6a）和式（1.6b）。那么式（1.2a）的通解则为

$$x(t) = C\mathrm{e}^{-\frac{r}{2}t}\cos\left(\frac{1}{2}\sqrt{4 - r^2}\,t + \theta\right) + A(\omega)F\cos[(\omega t + \varphi(\omega)] \tag{1.3}$$

在式（1.2c）中，$\mathrm{Re}\,\lambda > 0$ 时系统发散，$\mathrm{Re}\,\lambda < 0$ 时系统收敛，可见方程的特征根 λ 是判断系统稳定与否的关键参数。对式（1.2b）中的特征根 λ 也常用状态方程的方式求解，这种方法对于求解高维状态方程是很方便的。把式（1.2b）化为二维状态方程的形式为

$$\begin{cases}\dfrac{\mathrm{d}x}{\mathrm{d}t} = y \\ \dfrac{\mathrm{d}y}{\mathrm{d}t} = -ry - x\end{cases}$$

则特征行列式为

$$\begin{vmatrix}\dfrac{\partial \dot{x}}{\partial x} - \lambda & \dfrac{\partial \dot{x}}{\partial y} \\ \dfrac{\partial \dot{y}}{\partial x} & \dfrac{\partial \dot{y}}{\partial y} - \lambda\end{vmatrix} = 0, \quad \begin{vmatrix}0 - \lambda & 1 \\ -1 & -r - \lambda\end{vmatrix} = 0,$$

解得特征根 $\lambda = -\dfrac{r}{2} \pm \mathrm{j}\dfrac{1}{2}\sqrt{4 - r^2}$

在后面的非线性方程分析中都是采用状态空间法求解特征值的。

在式（1.3）中，如果激励 $F\cos\omega t = 0$，方程只有等式左边的第一项存在，即

$$x(t) = C\mathrm{e}^{-\frac{r}{2}t}\cos\left(\frac{1}{2}\sqrt{4 - r^2}\,t + \theta\right) \tag{1.4a}$$

式中

$$C = \sqrt{x_0^2 + \left(\frac{2\dot{x}_0 + rx_0}{\sqrt{4 - r^2}}\right)^2}, \quad \tan\theta = \frac{x_0\sqrt{4 - r^2}}{2\dot{x}_0 + rx_0} \tag{1.4b}$$

很显然，$\mathrm{Re}\,\lambda = -\dfrac{r}{2} < 0$，这是一个耗散系统，在阻尼 r 的作用下，振动会趋于零。取

$r=0.4$，$(x_0,\dot{x}_0)=(4,1)$，$(A_1,A_2)=(4,2)$，得到（$t-x$）曲线和相轨迹（$x-\dot{x}$）如图 1.2 所示。显然在相平面上，相轨迹是顺时针方向收敛的螺线。

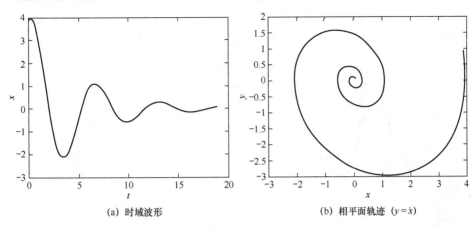

(a) 时域波形　　　　　　　　(b) 相平面轨迹 $(y=\dot{x})$

图 1.2　有阻尼的时域波形和相平面轨迹

如果阻尼 $r=0$，即系统没有阻尼，方程变为
$$x(t)=C_0\cos(\omega_n t+\theta) \tag{1.5}$$

式中，$C_0=\sqrt{x_0^2+\left(\dfrac{\dot{x}_0}{\omega_n}\right)^2}$，$\tan\theta=\dfrac{x_0\omega_n}{\dot{x}_0}$，$\omega_n=1$，相平面方程可以写成 $\dfrac{x^2}{c_0^2}+\dfrac{\dot{x}^2}{(c_0\omega_n)^2}=1$，则该系统是一个保守系统，按固有频率 ω_n 一直振荡下去，能量是守恒的，如图 1.3 所示。图中 y 代表速度 $\dot{x}$。

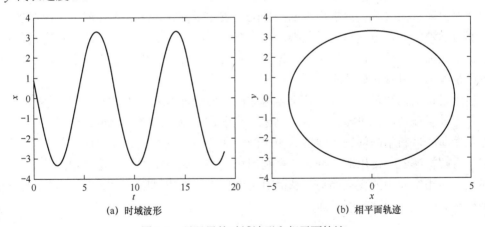

(a) 时域波形　　　　　　　　(b) 相平面轨迹

图 1.3　无阻尼的时域波形和相平面轨迹

当激励 $F\cos\omega t\neq 0$ 时，方程的瞬态过程会随着时间的增加很快趋于零，只剩下稳态振动解
$$x(t)=A(\omega)F\cos[(\omega t+\varphi(\omega)] \tag{1.6a}$$
式中
$$A(\omega)=\dfrac{1}{\sqrt{(1-\omega^2)^2+r^2\omega^2}}，\quad \varphi(\omega)=-\arctan\dfrac{r\omega}{1-\omega^2} \tag{1.6b}$$

$A(\omega)$ 与 $\varphi(\omega)$ 分别是系统的幅频特性和相频特性。幅频特性代表了系统的响应相对于激励放大的程度，相频特性反映了响应相对于激励滞后的相位。线性振动系统的幅频特性和相频特性如图 1.4 所示。

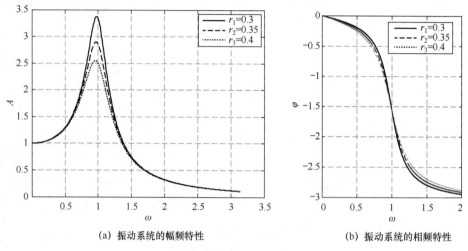

(a) 振动系统的幅频特性　　　　　　　(b) 振动系统的相频特性

图 1.4　线性振动系统的幅频特性与相频特性

当 $\omega = \omega_n = 1$ 时，$A(\omega) = \dfrac{1}{r}$，系统将发生共振，共振峰的大小取决于阻尼 r，阻尼越小共振峰越大。所以系统在工作时应该远离共振区，也就是工作频率应该远小于系统的固有频率或者远大于系统的固有频率，以防对设备造成破坏。有一个一百多年前的故事，一艘轮船在海上航行的时候，突然出现剧烈振动，发生了共振，船长不知就里，继续加速，振动竟然自动消失了，这是越过了共振区。汽车在搓板路上运行，坐车的人也有过同样的感受。机床在加工工件时，如果接近共振区，则会影响加工工件的精度。道路压实使用的打夯机则是利用了机械共振效应。

以上讨论的问题都是在线性范围内考虑的。然而非线性动力学问题在自然界和工程实际中是无处不在的，在机械、电子、物理、化学、生物、经济，乃至社会科学等众多领域都存在着非线性科学的问题。线性是相对的，非线性是绝对的。非线性方程一般情况下是很难求得解析解的，常用的一种方法是利用相空间（状态空间）理论进行定性的分析。考察相轨迹在相空间中的变化趋势，从而对运动稳定性作出判断。用速度作纵坐标，位移作横坐标构成的平面就称为相平面。

1.1.2　杜芬方程及其混沌[1, 2, 4, 5]

杜芬方程对一类弹性非线性问题具有很强的代表性。非线性系统常分为自治系统和非自治系统两大类。自治系统不显含时间，非自治系统显含时间。下面用相平面法讨论杜芬方程式（1.1）。

$$\dfrac{\mathrm{d}^2 x}{\mathrm{d} t^2} + r\dfrac{\mathrm{d} x}{\mathrm{d} t} - x + x^3 = F\cos\omega t$$

对于杜芬方程式（1.1），当不考虑激励而且假设阻尼也为零时，既没有能量输入也没有能量消耗，是一个保守系统，意味着系统在弹性恢复力的作用下将会一直保持振荡状态。式（1.1）变为

$$\frac{\mathrm{d}^2 x}{\mathrm{d}t^2} - x + x^3 = 0 \tag{1.7a}$$

写成自治的状态方程的形式为

$$\begin{cases} \dfrac{\mathrm{d}x}{\mathrm{d}t} = y \\ \dfrac{\mathrm{d}y}{\mathrm{d}t} = x - x^3 \end{cases} \tag{1.7b}$$

令 $\dot{x}=0$，$\dot{y}=0$ 可以求得平衡点 $x_1^*=0$，$x_2^*=\pm 1$（根据牛顿第一定律，速度等于零，是静止状态，加速度等于零只能是匀速直线运动状态，所以称为平衡态），令

$$\begin{cases} f(x,y) = y \\ g(x,y) = x - x^3 \end{cases}$$

则特征行列式为

$$\begin{vmatrix} \dfrac{\partial f}{\partial x} - \lambda & \dfrac{\partial f}{\partial y} \\ \dfrac{\partial g}{\partial x} & \dfrac{\partial g}{\partial y} - \lambda \end{vmatrix} = 0 \,, \quad \begin{vmatrix} 0-\lambda & 1 \\ 1-3x^2 & 0-\lambda \end{vmatrix} = 0$$

解得特征根 λ 为

$$\lambda = \pm\sqrt{1 - 3x^2} \tag{1.7c}$$

$x_1^*=0$，$\lambda=\pm 1$，可见在平衡点 $x_1^*=0$ 处，特征根 $\lambda=-1$ 对应的根轨迹是收敛的，$\lambda=1$ 的根轨迹是发散的，所以是不稳定的结点。根轨迹的方向为一个根轨迹收敛到平衡点，而另一个根轨迹则远离平衡点，就像马鞍子的形状一样，所以称为鞍结点。$x_2^*=\pm 1$，$\lambda=\pm\mathrm{j}\sqrt{2}$，是中心点，中心点类似于圆心。杜芬方程的势函数和相平面图如图1.5所示。

如若对式（1.7a）积分，可得

$$\frac{1}{2}\left(\frac{\mathrm{d}x}{\mathrm{d}t}\right)^2 + \frac{1}{2}\left(\frac{1}{2}x^4 - x^2\right) = E \tag{1.8}$$

式（1.8）中等式左边第一项代表系统的动能，第二项是系统的弹性势能，动能和弹性势能之和等于常数，说明机械能守恒，是一个保守系统。令

$$V = \frac{1}{2}\left(\frac{1}{2}x^4 - x^2\right) \tag{1.9}$$

此为系统的势函数，令 $\mathrm{d}V/\mathrm{d}x=0$，求得 $x=0$ 和 $x=\pm 1$，且当 $x=\pm 1$ 时，为两个最小势能点，得到势函数的三个定常状态为（0,0），（-1,-1/4），（1,-1/4）。定常状态（0,0）是鞍点，势函数在（-1,-1/4）和（1,-1/4）处对应的相平面图（-1,0）和（1,0）是中心点，如图1.5所示。从能量的角度看，正的弹性势能驱使系统恢复到平衡点，而负的弹性势能则驱使系统远离平衡点，这样使得原点成为不稳定的结点。

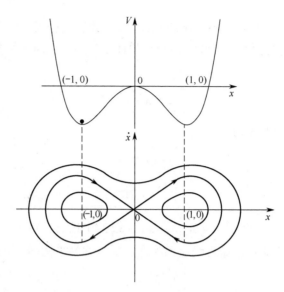

图 1.5 杜芬方程的势函数和相平面图

图 1.5 所示的势函数,也称为双稳态系统,在随机共振的研究中拥有十分重要的地位[5]。利用势函数的双稳态特性可以从强噪声背景中提取微弱的有用信号。

当考虑有阻尼时,系统变为耗散系统,由于阻尼对能量的消耗,系统最终会趋于静态。杜芬方程变为

$$\frac{d^2 x}{dt^2} + r\frac{dx}{dt} - x + x^3 = 0 \tag{1.10a}$$

或写为

$$\begin{cases} \dfrac{dx}{dt} = y \\ \dfrac{dy}{dt} = x - x^3 - ry \end{cases} \tag{1.10b}$$

可以求出式(1.10b)的特征行列式如下:

$$\begin{vmatrix} 0-\lambda & 1 \\ 1-3x^2 & -r-\lambda \end{vmatrix} = 0$$

特征根 λ 为

$$\lambda = -\frac{r}{2} \pm \sqrt{1 + \frac{r^2}{4} - 3x^2}$$

$$x_1 = 0,\quad \lambda_{1,2} = -\frac{r}{2} \pm \frac{1}{2}\sqrt{r^2 + 4} \tag{1.11a}$$

λ_1, λ_2 为实数,符号相反,是鞍点。鞍点是不稳定的结点。

$$x_2 = \pm 1,\quad \lambda_{1,2} = -\frac{r}{2} \pm j\frac{1}{2}\sqrt{8 - r^2} \tag{1.11b}$$

属于 $\lambda_{1,2} = \alpha \pm j\beta$ 的形式,且 $\alpha < 0$,所以相平面图 $(x, \dot{x})$ 在 $(-1,0)$ 和 $(1,0)$ 是收敛的螺旋线,如图 1.6 所示。

第 1 章 混沌基础理论浅析

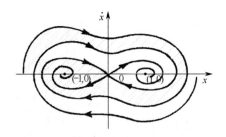

图 1.6 杜芬振子有阻尼系统的相平面图

因为有阻尼存在，这必然是一个耗散系统，因为阻尼耗散了能量，使运动衰减为焦点吸引子，定常状态（0,0）仍是鞍点，相平面在（-1,0）和（1,0）处变成了稳定的焦点吸引子。

由方程式（1.1），下面考察杜芬方程的混沌运动形态，即

$$\frac{d^2 x}{d t^2} + r\frac{d x}{d t} - x + x^3 = F\cos\omega t \tag{1.12a}$$

改写成三维自治方程组的形式为

$$\begin{cases} \dfrac{d x}{d t} = y \\ \dfrac{d y}{d t} = x - x^3 - ry + F\cos z \\ \dfrac{d z}{d t} = \omega \end{cases} \tag{1.12b}$$

取参数 $F = 0.4$，$r = 0.25$，$\omega = 1$，得到杜芬振子的时域波形和混沌吸引子，如图 1.7 所示。由式（1.11a 和 1.11b）知，$x = 0$，即坐标原点是鞍点；$x = \pm 1$，因为阻尼的存在，图形在（-1,0）和（1,0）处为收敛的螺旋线。然而当激励 F 增大到超越混沌阈值时，由图 1.7 可见，图形将不会收敛，而是在以（-1,0）和（1,0）为圆心的两点之间作无规则的运动。我们把这种既不会收敛到一点，又不会发散到全局，而是在某一局部区域内做貌似随机的运动形态称为混沌。杜芬振子的混沌阈值为[5]

$$\sqrt{2}\pi F\omega\mathrm{sec}\,h\left(\frac{\pi\omega}{2}\right) > \frac{4r}{3} \tag{1.12c}$$

式（1.12c）说明阻尼 r 越小，激励 F 越大，系统越容易激起混沌。

由以上分析，我们看到对于线性系统如式（1.2a）是一个确定性系统，当输入给定时，输出是完全可以确定的，是一种有规律的运动，知道现在就可以预测未来。但是对于非线性系统，如杜芬方程所表示的弹性非线性系统式（1.1），具有复杂的动力学行为。随着系统参数的改变和激励的变化，系统会由有序发展到貌似随机的无序状态，即进入不可预测的混沌状态。从能量的角度看，有阻尼的杜芬振子是一个能量耗散系统，阻尼消耗能量转化为热能，轨迹振荡收敛到两个焦点。当有激励输入时，等于为系统注入了能量，促使系统走向发散。两者共同作用的结果使系统既有收敛又有发散。然而由于弹性非线性的限制，当激励超过阈值后表现出在两个焦点之间做无规则的运动，即混沌运动，如图 1.7（c）所示。利用庞加莱映射可以得到奇怪吸引子，如图 1.7（d）所示，包含有无穷嵌套的自相似性。

走进混沌世界

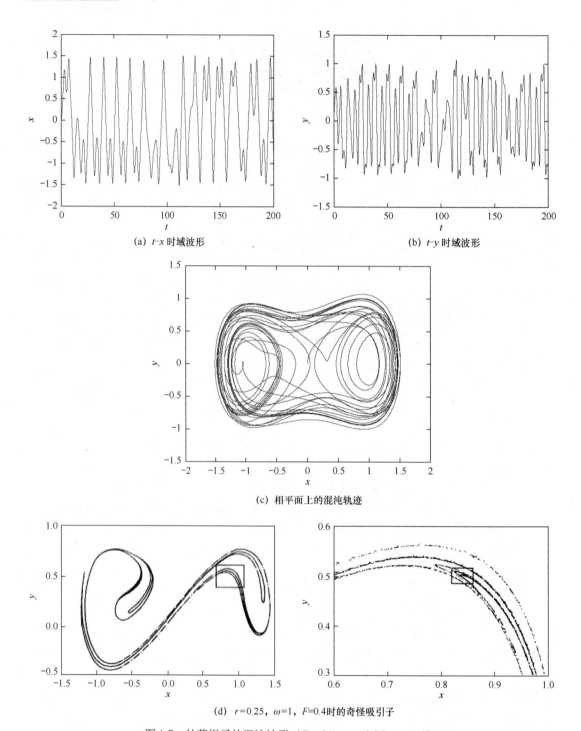

(a) $t\text{-}x$ 时域波形 (b) $t\text{-}y$ 时域波形

(c) 相平面上的混沌轨迹

(d) $r=0.25$，$\omega=1$，$F=0.4$ 时的奇怪吸引子

图 1.7 杜芬振子的混沌波形（$F=0.4$，$r=0.25$，$\omega=1$）

式（1.12c）给出了杜芬振子混沌阈值的条件，为利用杜芬振子进行微弱信号检测提供了混沌控制的依据。

1.1.3 杜芬振子的应用[6-8]

对系统加上驱动力时，由图 1.7 可知，杜芬方程式（1.1）在合适的参数条件下会进入混沌状态。如果把系统控制在混沌临界状态，当微弱的周期信号进入混沌系统后，由于混沌系统对初值变化的敏感依赖性的特点，这时混沌系统就会从临界状态进入与微弱信号同频率的周期状态，从而识别出周期信号。

杜芬振子混沌轨迹画图程序

（1）用 edit 命令建立自定义函数名为 duffing.m，内容为

```
function dx=Duffing30(t,x)
r=0.25;
F=0.4;
w=1;
dx=[x(2);x(1)-x(1)^3+F*cos(w*x(3))-r*x(2);1];
```

（2）用 edit 命令建立一个命令文件 lzdis.m，内容为

```
tspan=0:1e-2:200;
initial=[0,0,0];
[t,x]=ode45(@Duffing30,tspan,initial);
figure(1);plot(x(:,1),x(:,2));xlabel('x');ylabel('y');
figure(2);plot(tspan,x(:,2));xlabel('t');ylabel('y');
figure(3);plot(tspan,x(:,1));xlabel('t');ylabel('x');
```

在 MATLAB 窗口中执行 lzdis.m 文件。

1.2 蝴蝶效应与洛伦兹方程

西方有一则寓言形象地说明了蝴蝶效应或者说混沌现象："丢失一颗钉子，坏了一只蹄铁；坏了一只蹄铁，折了一匹战马；折了一匹战马，伤了一位骑士；伤了一位骑士，输了一场战争；输了一场战争，亡了一个帝国。"这个寓言说明不为人注意的细节可能会导致全局的失败。更进一步的理论证明是由美国气象学家爱德华•洛伦兹（Edward Norton Lorenz）建立起来的。

洛伦兹 1963 年在一篇提交纽约科学院的论文中分析了一种大气变幻莫测的现象，他形容为"南美洲亚马孙河流热带雨林中的一只蝴蝶扇动翅膀，数周后可以引起美国得克萨斯州的一场飓风"。后来这个现象被形象地称为蝴蝶效应，也称为混沌现象。其实混沌现象是指在一个非线性动力系统中，初始条件的微小变化会引起整个系统的连锁反应，最终导致不可预测的混沌结果，反映了混沌对初始条件的敏感依赖性。

当今科学界认为，混沌无处不在。在我们的日常生活中，到处都存在着混沌现象。"大漠孤烟直"，一阵清风袭来，突然四下飘散乱作一团；"长河落日圆"，一片乌云飘过，瞬间光芒四射变成晚霞，这是大自然中的混沌。打开水龙头，起初水流平稳，随后变得湍急；

高速公路上车辆开始平稳有序行进，而后出现拥堵。这是日常生活中的混沌。大到台风、龙卷风的涡旋运动，小到秋叶飘落、香烟缭绕，这是不同尺度下的混沌。苏东坡笔下的西湖："黑云翻墨未遮山，白雨跳珠乱入船，卷地风来忽吹散，望湖楼下水如天。"这是如诗一般湖光山色变幻莫测的混沌。混沌运动无处不在，就在我们身边。

同样在工程实际中，混沌也无处不在。机械、电子、通信、生物等各种领域都可能存在混沌运动。因为在这些系统中非线性因素是绝对的，线性是相对的。只要有非线性，系统演化的最终结果必然会出现混沌。

先观察一个分段线性函数构成的迭代方程，可以看出这样一个简单的非线性系统（分段线性系统）对初值的敏感程度，以及复杂的动力学行为。mod1 表示迭代函数保持真分数形式。

$$x_{n+1} = \begin{cases} 2x_n & \left(0 \leqslant x_n < \dfrac{1}{2}\right) \\ 2x_n - 1 & \left(\dfrac{1}{2} \leqslant x_n \leqslant 1\right) \end{cases} \quad (\text{mod}1)$$

零解：当初值为 $\dfrac{11}{32}$ 时，$\dfrac{11}{32} \to \dfrac{11}{16} \to \left(\dfrac{11}{8} - 1 = \dfrac{3}{8}\right) \to \dfrac{3}{4} \to \left(\dfrac{3}{2} - 1 = \dfrac{1}{2}\right) \to 0$

周期解：当初值为 $\dfrac{13}{28}$ 时，$\dfrac{13}{28} \to \dfrac{13}{14} \to \dfrac{6}{7} \to \dfrac{5}{7} \to \dfrac{3}{7} \to \dfrac{6}{7} \to \dfrac{5}{7} \to \dfrac{3}{7} \to \cdots$

混沌解：当初值为 $\dfrac{\sqrt{2}}{2}$ 时，$\dfrac{\sqrt{2}}{2} \to \sqrt{2} - 1 \to 2\sqrt{2} - 2 \to 4\sqrt{2} - 5 \to 8\sqrt{2} - 11 \to \cdots$

又看到当初值为 $\dfrac{14}{28} = \dfrac{1}{2}$ 时，$\dfrac{1}{2} \to (1-1) \to 0$，与 $\dfrac{13}{28}$ 比较，初值误差只有 0.0357，迭代结果却大相径庭，前者走向周期解，而后者趋于稳定的零解。可见不同的初值将导致各种有趣的结果，初值微小的差异会导致结果巨大的不同，迭代结果对初值具有敏感依赖性。当初值为 $\sqrt{2}/2$ 时，产生貌似杂乱无序的混沌解。由此可给出下面的混沌定义。

1.2.1 混沌的定义[9-11]

1986 年 R. L. Devaney 给出了一种比较简洁的混沌定义[9]：

设 X 是一个度量空间，一个连续映射 $f: X \to X$ 称为 X 上的混沌，如果

（1）f 具有对初始条件的敏感依赖性；

（2）f 是拓扑传递的；

（3）f 的周期点在 X 中稠密。

那么混沌具有以下几个特点：

（1）不可预测性。由于对初值的敏感依赖性，使得对同一非线性系统，任何微小的初始误差，系统经过若干次迭代后都将导致两者的轨道分道扬镳、互相远离，意味着具有不可预测性，即所谓的蝴蝶效应。"差之毫厘，失之千里"的初值敏感性，这是区别混沌与其他确定性运动的重要标志。

（2）轨道遍历性。按自身规律从不重叠地遍历所有状态而又不可能细分或不能分解为

两个互不影响的子系统，亦即具有不可分解性。

（3）周期规律性。周期点集的稠密性，即系统具有规律性。

上述前两条似有随机性的特征，但第三条表现出系统具有确定性与规律性，绝非一片混乱，这种形似紊乱，实则有序的形态，正是混沌的特点。混沌运动是由非线性系统自身产生的貌似随机性的运动，所以也称为内禀随机性，与随机的区别在于无穷层次上的自相似结构。混沌在确定性和随机性之间架起了桥梁。

1.2.2 洛伦兹方程[2, 5, 9]

洛伦兹方程是美国气象学家洛伦兹在 1963 年研究大气运动时，他把大气对流与贝纳得液体对流联系起来，利用流体力学中的纳维叶−斯托克斯（Navier-Stokes）方程和热传导方程，推导出描述大气对流的微分方程，即著名的洛伦兹方程。式（1.13）是一个简化了的三阶常微分方程组。

$$\begin{cases} \dot{x} = -\sigma(x-y) \\ \dot{y} = \rho x - y - xz \\ \dot{z} = xy - \beta z \end{cases} \quad \begin{matrix} x,y,z \in \mathbf{R}^3 \\ \sigma, \rho, \beta > 0 \end{matrix} \quad (1.13)$$

这里令

$$\begin{cases} f(x,y,z) = -\sigma(x-y) \\ g(x,y,z) = \rho x - y - xz \\ h(x,y,z) = xy - \beta z \end{cases}$$

x —对流的强度；

y —上流与下流液体之间的温差；

z —垂直方向温度分布的非线性强度；

$-xz$ 和 xy 是非线性项；

σ —无量纲因子，$\sigma = v/k$，称为普朗特（Prandtl）数（v 和 k 分别为分子黏性系数和热传导系数）；

β —速度阻尼常数；

ρ —相对雷诺数，$\rho = R/R_c$，表示引起对流和湍流的驱动因素 R 和抑制对流因素 R_c（如黏性）之比，是系统的主要控制参数。当雷诺数超过阈值时，流体会进入湍流，出现混沌运动。

由于它的变量不显含时间，所以是自治方程。令

$$\begin{cases} -\sigma(x-y) = 0 \\ \rho x - y - xz = 0 \\ xy - \beta z = 0 \end{cases}$$

得到

$$\begin{cases} x = y \\ x(\rho - 1 - z) = 0 \\ x^2 = \beta z \end{cases} \quad (1.14)$$

解得平衡点为
$$x = y = z = 0$$
$$x = y = \pm\sqrt{\beta(\rho-1)}, \quad z = \rho - 1 \tag{1.15}$$

即洛伦兹方程有三个平衡点。

1. 原点（0,0,0）的稳定性分析

式（1.13）的雅可比矩阵为

$$\boldsymbol{J} = \begin{bmatrix} \dfrac{\partial f}{\partial x} & \dfrac{\partial f}{\partial y} & \dfrac{\partial f}{\partial z} \\ \dfrac{\partial g}{\partial x} & \dfrac{\partial g}{\partial y} & \dfrac{\partial g}{\partial z} \\ \dfrac{\partial h}{\partial x} & \dfrac{\partial h}{\partial y} & \dfrac{\partial h}{\partial z} \end{bmatrix} = \begin{bmatrix} -\sigma & \sigma & 0 \\ \rho - z & -1 & -x \\ y & x & -\beta \end{bmatrix} \tag{1.16}$$

那么在原点 $x = y = z = 0$ 处的特征方程为

$$\begin{vmatrix} -(\sigma+\lambda) & \sigma & 0 \\ \rho & -(1+\lambda) & 0 \\ 0 & 0 & -(\beta+\lambda) \end{vmatrix} = 0 \tag{1.17}$$

解得

$$\begin{cases} \lambda_1 = -\beta \\ \lambda_{2,3} = -\dfrac{1}{2}(\sigma+1) \pm \sqrt{\dfrac{1}{4}(\sigma+1)^2 - \sigma(1-\rho)} \end{cases} \tag{1.18}$$

可见在 $0 < \rho < 1$ 范围内，所有根 $\lambda < 0$，说明坐标原点 $x = y = z = 0$ 是稳定的不动点，它是洛伦兹方程的吸引子，所有轨线都会吸引到坐标的原点，如图1.8所示。

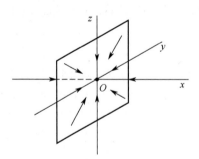

图1.8 洛伦兹方程的吸引子

当 $\rho > 1$ 时，有三个平衡点：

$$\begin{cases} O: x = y = z = 0 \\ C_1: x = \sqrt{\beta(\rho-1)}, y = \sqrt{\beta(\rho-1)}, z = \rho - 1 \\ C_2: x = -\sqrt{\beta(\rho-1)}, y = -\sqrt{\beta(\rho-1)}, z = \rho - 1 \end{cases} \tag{1.19}$$

与 $\rho<1$ 时比较，出现了一个 $\lambda>0$ 的根，说明 $\rho=1$ 时系统在原点 $(0,0,0)$ 处发生了一次分岔，分岔出两个新的平衡点 C_1 与 C_2。系统在分岔点处是不稳定的，如图 1.9 所示。

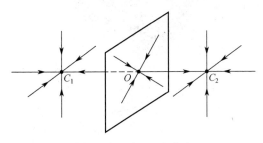

图 1.9　C_1 与 C_2 分岔点

2. 平衡点 C_1、C_2 的稳定性分析

进一步分析，可知 C_1、C_2 会成为两个稳定的焦点，如图 1.10 所示。

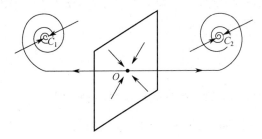

图 1.10　C_1、C_2 及 O 点的稳定性

再进一步可求得临界值（阈值）参数 ρ_c 为

$$\rho_c = \frac{\sigma(\sigma+\beta+3)}{\sigma-(\beta+1)} \tag{1.20}$$

在洛伦兹方程中选取参数 $\sigma=10$，$\beta=8/3$，得到

$$\rho_c = 470/19 = 24.7368$$

当 $\rho=\rho_c$ 时，在平衡点 C_1、C_2 处出现分岔，C_1、C_2 随之失稳。当 $\rho>\rho_c$ 时，转化成为形似蝴蝶的奇怪吸引子，称为洛伦兹吸引子。图 1.11 是奇怪吸引子在不同坐标中的相图。

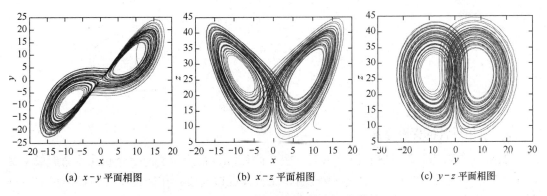

图 1.11　$\rho>\rho_c$ 时相空间上的奇怪吸引子

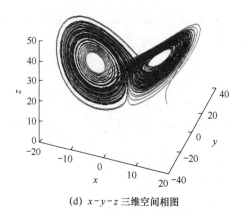

(d) x-y-z 三维空间相图

图 1.11 $\rho > \rho_c$ 时相空间上的奇怪吸引子（续）

洛伦兹方程不但在气象预测中占有核心地位，而且在自然科学、社会与经济等其他领域都有广泛的应用。在自然科学领域，如基于混沌的保密通信、微弱信号检测等方面已有比较深入的应用研究。

1.2.3 应用实例

1．利用混沌模型进行噪声背景中的微弱信号检测[5, 10]

一种基于 NBS（Novel Butterfly-Shaped）模型的混沌控制方法应用于噪声背景中的微弱信号检测，能够把微弱的周期信号检测出来。利用周期微扰法，构建一个受控系统，计算出系统处于特定周期态的参数范围，最后在该范围内选择适当的参数值，把系统稳定到所期望的周期轨道上，从而检测出周期信号。控制结构简单，易于实现，微弱信号测试框图如图 1.12 所示。

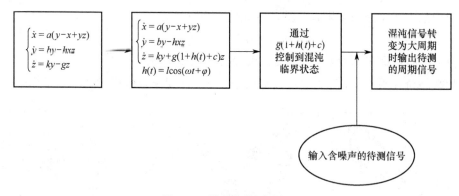

图 1.12 微弱信号测试框图

2．利用混沌的保密通信

加密发送端是一个自治的混沌系统。明文信息 $m(t)$ 直接和混沌信号 $u(t)$ 叠加形成密文 $c(t)$。在密文的替代驱动下，解密接收端和加密端近似同步，在密文中去掉混沌信号，恢复出明文信息 $m(t)$（见 4.2.1 混沌掩盖）。

1.2.4 日常生活中的蝴蝶效应

除了自然科学领域，蝴蝶效应也普遍存在于社会、经济、军事等各个领域。例如，把混沌理论运用于市场，可以看到市场永远是按照阻力最小的路径运行的。各种因素导入市场的方式和时间不同，起到的作用不同，产生的结果亦不同。即使很小的因素，也可能在系统内和其他因素相互作用后形成巨大的、不可预料的结果。市场无情，而"混沌"投资的精髓在于承认市场的随机性和不可预测性，需要有强烈的风险意识，永远对市场抱有敬畏之心，方可化险为夷，立于不败之地。

人生成长经历也一样存在蝴蝶效应，所谓细节决定成败，性格决定命运，小不忍则乱大谋就是这个意思。千里之堤溃于蚁穴，百尺之屋焚于突隙，这里讲的是古代黄河岸边老人治理水患而水坝毁于蚁穴和因为烟囱火星烧毁房屋的故事，比喻小事不慎将酿成大祸。古人云"月晕而风，础润而雨"，就是要我们养成见微而知著的认识观，避免因小而失大，做到防患于未然。

我国秦代的《吕氏春秋·察微》中有一则故事与西方丢失马蹄铁的寓言有异曲同工之处，这是古人对蝴蝶效应的最好诠释。原文并不难懂，抄录如下，以飨读者。

楚之边邑曰卑梁，其处女与吴之边邑处女桑于境上，戏而伤卑梁之处女。卑梁人操其伤子以让吴人，吴人应之不恭，怒，杀而去之。吴人往报之，尽屠其家。卑梁公怒，曰："吴人焉敢攻吾邑？"举兵反攻之，老弱尽杀之矣。吴王夷昧闻之，怒，使人举兵侵楚之边邑，克夷而后去之。吴、楚以此大隆。吴公子光又率师与楚人战于鸡父，大败楚人，获其帅潘子臣、小帷子、陈夏啮。又反伐郢，得荆平王之夫人以归，实为鸡父之战。凡持国，太上知始，其次知中，其次知终。三者不能，国必危，身必穷。《孝经》曰："高而不危，所以长守贵也；满而不溢，所以长守富也。富贵不离其身，然后能保其社稷，而和其民人。"楚不能之也。

正如该书中所言："治乱存亡，其始若秋毫。察其秋毫，则大物不过矣。"

附录　洛伦兹方程吸引子画图程序

（1）用 edit 命令建立自定义函数，名为 lorenz.m，内容为

```
function dy=Lorenz(t,y);
        dy=zeros(3,1);    %建立三个列向量
        dy(1)=10.*(-y(1)+y(2));
        dy(2)=28.*y(1)-y(2)-y(1)*y(3);
        dy(3)=y(1)*y(2)-8.*y(3)/3;
end
```

（2）用 ode45 命令求解

用 edit 命令建立一个命令文件 lzdis.m，内容为

```
[t,y]=ode45('Lorenz10',[0 60],[12,2,9]);
```

%表示在 0-60 秒内求解，在零时刻 y(1)=12,y(2)=2,y(3)=9

```
plot(t,y(:,1));xlabel('t'); ylabel('x');      %显示y(1),即x与时间的关系图
pause
plot(t,y(:,2)); xlabel('t'); ylabel('y');     %显示y(2),即y与时间的关系图
pause
plot(t,y(:,3)); xlabel('t'); ylabel('z');     %显示y(3),即z与时间的关系图
pause
plot3(y(:,1),y(:,2),y(:,3)); xlabel('x');ylabel('y');zlabel('z');
                                              %显示x,y,z的关系图
pause
plot(y(:,1),y(:,3));  xlabel('x');ylabel('z');    %显示x,z的关系图
pause
plot(y(:,2),y(:,3));  xlabel('y');ylabel('z');    %显示y,z的关系图
pause
plot(y(:,1),y(:,2));  xlabel('x');ylabel('y');    %显示x,y的关系图
```

% 在 MATLAB 窗口中执行 lzdis.m 文件。

1.3 逻辑斯谛方程与人口模型[12-15]

逻辑斯谛方程（Logistic Equation）是比利时数学生物学家皮埃尔·弗朗索瓦·韦吕勒（Pierre Francois Verhulst）提出的著名的人口增长模型，也是马尔萨斯（Malthus）人口模型的推广。从其问世以来，它的应用从人口增长模型拓展到很多领域，广泛应用于生物学、医学、经济管理学等方面。

1.3.1 逻辑斯谛连续方程

$$\dot{x} = f(x) = \mu x(1-x) \tag{1.21}$$

式（1.21）即是逻辑斯谛连续方程。令等式右端等于 0，求得两个定态解 $x^* = 0$，$x^* = 1$。

式（1.21）是一个耗散系统，右端第一项 μx 代表驱动力，第二项 $-\mu x^2$ 代表耗散力。我们给定常状态以小扰动 $x = x^* + \delta x$，看这个扰动随时间的变化量 $\delta \dot{x}$ 是离开定常状态（此时表示驱动力大），还是趋向于定常状态（此时表示耗散力大）。由式（1.21）得到扰动量 δx 所满足的微分方程是

$$\delta \dot{x} = \left.\frac{\partial f}{\partial x}\right|_{x=x^*} \cdot \delta x \tag{1.22}$$

式（1.22）是一个线性常微分方程，它的解为

$$\delta x = \delta x_0 \, e^{\lambda t} \tag{1.23}$$

式中，$\lambda = \dfrac{\partial f}{\partial x}\bigg|_{x=x^*}$ 是式（1.21）在定常解 $x = x^*$ 处的特征值。因此，当 $\mathrm{Re}\lambda > 0$ 时，驱动力大于耗散力，使得 δx 随时间 t 增加，即离开定常状态 $x = x^*$，此时称定常状态 x^* 是不稳定的。当 $\mathrm{Re}\lambda < 0$ 时，驱动力小于耗散力，δx 随时间 t 减小，即趋向定常状态，此时称定常状态 x^* 是稳定的。

对定常状态 $x = 0$，

$$\lambda = \dfrac{\partial f}{\partial x}\bigg|_{x=0} = \mu - 2\mu x\big|_{x=0} = \mu \tag{1.24}$$

因此，当 $\mu < 0$ 时（驱动力小于耗散力），定常状态 $x = 0$ 是稳定的（也称吸引子）；当 $\mu > 0$ 时（驱动力大于耗散力），定常状态 $x = 0$ 是不稳定的（也称排斥子）。

对于定常状态 $x = 1$，

$$\lambda = \dfrac{\partial f}{\partial x}\bigg|_{x=1} = \mu - 2\mu x\big|_{x=1} = -\mu \tag{1.25}$$

当 $\mu < 0$ 时，定常状态 $x = 1$ 是不稳定的（也称排斥子）；当 $\mu > 0$ 时，定常状态 $x = 1$ 是稳定的（也称吸引子）。所以，控制参数 μ 由 $\mu < 0$ 到 $\mu > 0$，定常状态 $x = 0$ 由吸引子变成排斥子，而 $x = 1$ 则由排斥子变成了吸引子。因此，在控制参数 $\mu = 0$ 处，系统的状态发生了分岔，如图 1.13 所示。

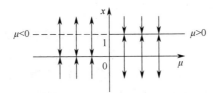

图 1.13　逻辑斯谛连续方程分岔图

由式（1.21），方程改写为 $\dfrac{\mathrm{d}x}{\mathrm{d}t} = \mu x(1-x)$，解得

$$x = \dfrac{x_0 \mathrm{e}^{\mu t}}{1 + x_0 \mathrm{e}^{\mu t}} \tag{1.26}$$

式中，x_0 为初值。式（1.26）图形如图 1.14 所示。

逻辑斯谛函数或逻辑斯谛曲线是一种如图 1.14 所示的 S 形函数。逻辑斯谛曲线是皮埃尔·弗朗索瓦·韦吕勒用于模拟人口增长的数学模型。

当一个物种迁入一个新生态系统中后，其数量会大致遵循逻辑斯谛曲线的变化趋势。假设该物种的起始数量小于环境的最大容纳量，随着时间的推进，数量会进入指数型快速增长的模式。当物种在此生态系统增长到一定数量后会受到资源不足、食物短缺及天敌的影响，增速变缓，最终达到饱和状态。此方程是描述在资源有限的条件下种群增长规律的一个数学模型。

逻辑斯谛模型不仅可以用来描述人口的增长，也在信息传播（如新闻传播）、商品销售、生态旅游、物种之间的竞争等方面得到广泛的应用。

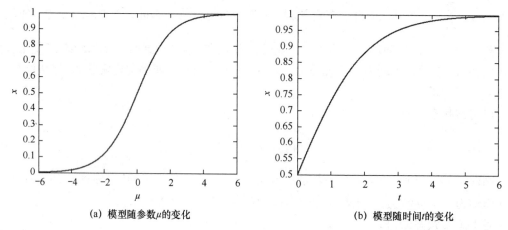

(a) 模型随参数μ的变化   (b) 模型随时间t的变化

图 1.14 逻辑斯谛函数图形

如果问题的基本数量特征是：在时间 t 很小时（从 t=0 开始），呈指数型增长，而当 t 增大时，增长速度下降，且越来越接近于一个确定的状态，这类问题可以用逻辑斯谛连续方程加以描述。

1.3.2 逻辑斯谛映射方程

（1）一维映射的数学描述

考虑一般形式的线段 I 到 I 自身的映射，则一维的单参数离散映射方程可以写为

$$x_{n+1} = f(\mu, x_n), \quad n = 0, 1, 2, \cdots \tag{1.27}$$

式中，μ 为系统参数，f 是 x_n 的非线性函数，它依赖于参数 μ。只要恰当地选取 μ 的范围，就可使 x_n 和 x_{n+1} 都在线段 I 内。由不动点定理知[5]，轨道稳定性的最简单情形是不动点或周期 1 轨道，这时映射的输入和输出数值相同，不再因为迭代而变化。迭代方程

$$x^* = f(\mu, x^*) \tag{1.28}$$

不动点 x^* 是非线性方程

$$x - f(\mu, x) = 0 \tag{1.29}$$

的解或零点。这个解是否稳定，可在解的附近加小扰动 δx_n，看其解是否收敛，即

$$x^* + \delta x_{n+1} = f(\mu, x^* + \delta x_n) = f(\mu, x^*) + \frac{\partial f(\mu, x)}{\partial x}\bigg|_{x=x^*} \delta x_n + \cdots$$

$$\frac{\delta x_{n+1}}{\delta x_n} = \frac{\partial f(\mu, x)}{\partial x}\bigg|_{x=x^*} \tag{1.30}$$

对于稳定的不动点，应满足 $|\delta x_{n+1}| < |\delta x_n|$，因此得到不动点的稳定条件为

$$\lambda = \left|\frac{\partial f(\mu, x)}{\partial x}\right|_{x=x^*} = \frac{\delta x_{n+1}}{\delta x_n} \leqslant 1 \tag{1.31}$$

$|f'(\mu, x^*)| = 1$ 对应着切分岔[2]，$|f'(\mu, x^*)| = -1$ 对应着倍周期分岔，$|f'(\mu, x^*)| = 0$ 只发生在特定的参数 μ^* 处。满足条件 $|f'(\mu, x^*)| = 0$ 的轨道，称为超稳定不动点或超稳定周期 1。

（2）逻辑斯谛映射方程

逻辑斯谛映射方程是用来描述生物种群数量与环境资源相互影响的一种模型。典型的逻辑斯谛映射方程为

$$x_{n+1} = f(\mu, x_n) = \mu x_n (1 - x_n) \tag{1.32}$$

式中，x_{n+1} 表示第 $n+1$ 代动植物的出生数，x_n 表示第 n 代的动植物出生数，μ 为控制参数，反映各种因素对群体数目的综合影响。为讨论问题方便，一般将式（1.32）中的 x_n 进行归一化，即 $x_n \in [0,1]$。因为 $x_n \in [0,1]$，所以 μ 的取值范围为 $0 \leq \mu \leq 4$。由此式可见，其右边第一项 μx_n 表示第 $n+1$ 代的群体数 x_{n+1} 与第 n 代的群体数 x_n 成正比，是驱动原有状态发展的动力，称为驱动力；第二项 $-\mu x_n^2$ 则反映了外部环境限制群体数增长的非线性因素，起消减作用，称为耗散力。式（1.32）是一个抛物线方程，所以也称作抛物线映射。它的极大值出现在 x_n 处，此时相应的 $x_{n+1} = \mu/4$，即 $\mu/4$ 为抛物线的高度。由于 x_{n+1} 不大于 1，故 μ 不得大于 4，要使出生数的增长率为正值，必须使得 $\mu > 1$。因此 $1 < \mu < 4$ 是人们感兴趣的参数取值范围。

该不动点方程为

$$x^* = f(\mu, x^*) = \mu x^* (1 - x^*) \tag{1.33}$$

由此解得的不动点为

O 点：$x_1^* = 0$；A 点：$x_2^* = 1 - \dfrac{1}{\mu}$。

在图解中，式（1.32）和直线 $x_{n+1} = x_n$ 的交点就是不动点，如图 1.15 所示，所以图中的 O 点和 A 点即两个不动点。由不动点稳定条件，当 $\lambda = \left| \dfrac{\partial f(\mu, x)}{\partial x} \right|_{x=x^*} < 1$，驱动力小于耗散力，定常状态 x^* 是稳定的；当 $\lambda = \left| \dfrac{\partial f(\mu, x)}{\partial x} \right|_{x=x^*} > 1$，驱动力大于耗散力，定常状态 x^* 是不稳定的。对于逻辑斯谛映射方程式（1.32）

$$\lambda = \left| \dfrac{\partial f(\mu, x)}{\partial x} \right| = \mu - 2\mu x \tag{1.34}$$

由此可见，不动点的稳定性依赖参数 μ。

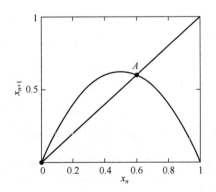

图 1.15　逻辑斯谛映射方程不动点示意图

式（1.34）的临界条件 $\left|\dfrac{\partial f(\mu,x)}{\partial x}\right| = \mu - 2\mu x = \pm 1$，将 $x = 1 - \dfrac{1}{\mu}$ 代入，得到临界值 $\mu = 1$ 和 $\mu = 3$，说明在 $\mu = 1$ 和 $\mu = 3$ 两点会出现跨临界分岔。

当 $0 < \mu < 1$ 时，在线段 $[0,1]$ 内任选一个初值 x_0，迭代过程迅速趋向一个不动点 $x_n \to 0$，由于 $f'(0) = \mu < 1$，故存在稳定的不动点 O，如图 1.16 所示。

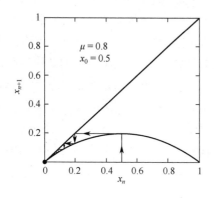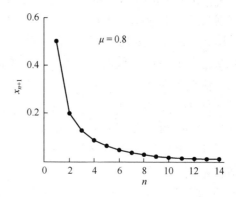

图 1.16 稳定的不动点

当 $1 < \mu \leqslant 3 = \mu_1$ 时，有两个不动点 O 和 A。对于 O 点，由于 $f'(0) = \mu > 1$，故它是不稳定的。对于 A 点，因为 $|f'(1-1/\mu)| = |2-\mu| < 1$，故它是稳定的。例如，当 $\mu = 2.8$ 时，$x_n \to A$ 达到稳定值（0.6429），这种状态叫周期 1 解，如图 1.17 所示。

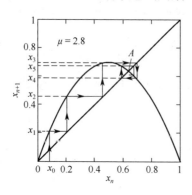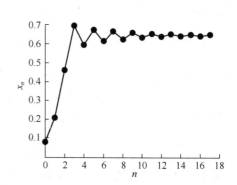

图 1.17 逻辑斯谛映射迭代过程示意图

当 $3 < \mu \leqslant 1+\sqrt{6} = \mu_2$ 时，对 O 点，$f'(0) = \mu > 1$，它仍是不稳定的。对于 A 点，$|f'(1-1/\mu)| = |2-\mu| > 1$，则 A 点由稳定变为不稳定。从迭代过程可以看到经过不长的过渡阶段后，就会分岔出一对新的稳定的不动点。例如，$\mu = 3.3$ 时，x_n 趋向于在 $[0.4794 \rightleftarrows 0.8236]$ 两个值上来回跳动，这种状态叫周期 2 解。进一步增加 μ 值，当 $1+\sqrt{6} < \mu < 3.544$ 时，可以观察到周期 2 的两个值变成不稳定点，各自又产生一对新的不动点，从而形成周期 4 解。例如，$\mu = 3.5$ 时，x_n 趋向于在 $\begin{bmatrix} 0.3828 \to 0.8269 \downarrow \\ \uparrow 0.8750 \leftarrow 0.5009 \end{bmatrix}$ 四个值之间有序跳动，形成周期 4 解。接着周期 4 解又分岔形成周期 8 解……随着 μ 值的逐渐增加，周期解以 2 的指数次幂一直进

行分岔，直到当 μ 达到极限值 $\mu_\infty = 3.576448\cdots$ 时，稳态解是 2^∞，意味着系统进入了混沌状态，这种现象称为倍周期分岔，如图 1.18 所示。

由图 1.18 可以看出，解 x 与参数 μ 的依赖关系，大致可分为两个区域：一个是周期区，一个是混沌区。在图 1.18（a）中适当改变参数范围，取出 3.8~3.9 的小周期窗口加以放大，出现周期 3 窗口，如图 1.18（b）所示，然后周期 3 窗口发生倍周期分岔，导致一个周期 3×2^n 的序列。再将图 1.18（c）中的 3.8535~3.8545 内的更小周期窗口放大，再一次出现周期 3 的窗口，如图 1.18（d）所示，同样会发生倍周期分岔。可见，混沌带中存在很多周期性窗口，周期 3 与混沌带从开始到结束一直交替出现，嵌套在混沌带中的每个窗口都按倍周期分岔的规律重复发生，而且每个窗口中的倍周期分岔都具有自相似结构。

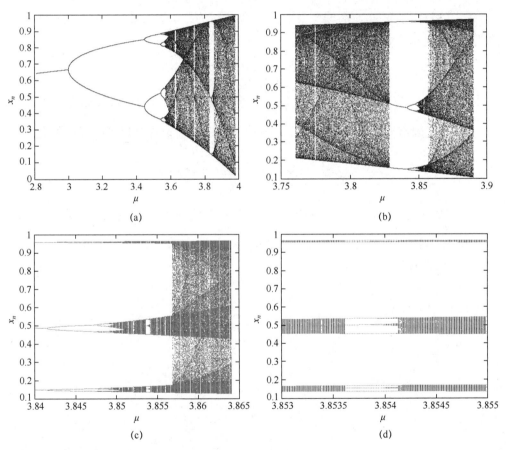

图 1.18 逻辑斯谛映射分岔图

如逻辑斯谛映射分岔图中的周期 3 窗口，由沙尔科夫斯基（Sharkovsky）定理[2, 9]证明，有周期 3，就会有任意周期存在，必然导致混沌，即"周期 3 意味着混沌"。

由图 1.18 的结构可以看到，逻辑斯谛映射随着参数 μ 的改变，经由倍周期分岔通向混沌，而且呈现出周期窗口和混沌交替出现的自相似结构。那么周期窗口有多少，都出现在参数 μ 的什么位置，这是需要进一步研究的问题，1.4 节的符号动力学就是用来解决这一问题的。

由逻辑斯谛方程看到，一个动力系统根据研究的不同侧面可以用微分方程来描述，也可以用映射方程（离散方程）来描述，然而映射方程往往具有更为丰富多彩的动力学行为，成为能够更好地描述实际问题的数学方法。因此映射方程的研究成为人们备受关注的方向。

1.3.3 倍周期分岔中的费根鲍姆常数和多尺度现象[12]

1975年，美国物理学家米切尔·费根鲍姆（Mitchell Feigenbaum）在对人口模型进行计算机数值实验时，发现了称之为费根鲍姆常数的两个常数。这个普适常数的发现向着看似不可捉摸的混沌系统的解密迈出了重要的一步，因此引起了数学界和物理学界的广泛关注。

从图1.19所示的倍周期分岔过程，费根鲍姆发现相邻两个分岔点之间的参数距离 $\mu_{n+1}-\mu_n$，当 n 很大时，前面两个分岔点参数之间的距离是后面两个分岔点参数之间距离的 4.669 倍，即

$$\delta = \lim_{n\to\infty}\delta_n = \lim_{n\to\infty}\frac{\mu_n-\mu_{n-1}}{\mu_{n+1}-\mu_n} = 4.669\cdots \tag{1.35}$$

他还发现，在倍周期分岔图中，以 $x=1/2$ 作平行于 μ 的直线与分岔曲线相交，用 Δ_n 表示第 n 个交点到相应分岔曲线的距离，如图1.19所示，则 $\dfrac{\Delta_n}{\Delta_{n+1}}$ 也存在极限，其极限值为

$$\alpha = \lim_{n\to\infty}\alpha_n = \lim_{n\to\infty}\frac{\Delta_n}{\Delta_{n+1}} = 2.5029\cdots \tag{1.36}$$

参数 μ 的尺度每次以 δ 倍减小，Δ 的尺度每次以 α 倍减小，n 次之后尺度分别为 $\dfrac{1}{\delta^n}$ 和 $\dfrac{1}{\alpha^n}$，大小尺度相差若干个数量级，这是多尺度现象，也称无特征尺度现象。式（1.35）与式（1.36），称为费根鲍姆常数。

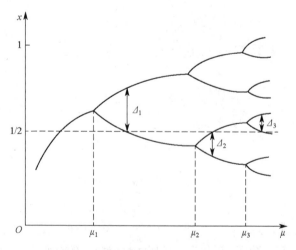

图1.19 费根鲍姆常数及其多尺度现象

费根鲍姆常数 δ 和 α 就跟圆周率 π 和自然数 e 一样，是具有普遍意义的常数。

附录　逻辑斯谛映射分岔图程序

用 edit 命令建立自定义函数，名为 logistic1.m。
方程为 $x_{n+1} = \mu x_n(1-x_n)$，程序内容如下：

```
N=10000;
for mu=2.81:0.0001:3.98;
x(1)=0.5;
for n=1:N;
x(n+1)=mu.*x(n).*(1-x(n));
end
for n= N-10:1:N
plot(mu,x(n),'-');
end
hold on
end
xlabel('\mu')
ylabel('x(n)')
```

1.4　符号动力学初步[12, 16, 17]

一个动力学系统根据需要可以用微分方程来描述，也可以用离散方程来描述，还可以用符号动力学的方法来描述，甚至用元胞自动机来描述。这里通过介绍符号动力学的"字提升法"来对符号动力学窥见一斑[12]。

1.4.1　符号动力学的"字提升法"

对于连续光滑的映射函数 $f(\mu,x)$，先省去参数 μ，每选定一个初值 x_0，就会迭代出一条数值轨道，如图 1.20 所示。

$$x_0,\quad x_1 = f(x_0),\quad x_2 = f(x_1) = f[f(x_0)] = f^{(2)}(x_0),\quad \cdots,\quad x_n = f(x_{n-1}) = f^{(n)}(x_0) \quad (1.37)$$

对于单峰映射，这些轨道点无非落在线段的右半边（R）、左半边（L）或中点（C），参看图 1.20。我们不去关心轨道点的具体数值，而只根据 x_i 的位置，把它与左右所处的字母对应。把每个 x_i 对应一个符号 s_i

$$s_i = \begin{cases} R, & x_i > C \\ C, & x_i = C \\ L, & x_i < C \end{cases} \quad (1.38)$$

约定一个符号序列，用初值 x_0 作为相应符号序列的名字，即写成

$$x_0 = s_0 s_1 s_2 \cdots s_{n-1} s_n \cdots \quad (1.39\text{a})$$

从 x_0 经过一次迭代得到 x_1，用 x_1 作为初值的序列是

$$x_1 = s_1 s_2 s_3 \cdots s_{n-1} s_n \cdots \tag{1.39b}$$

从给定的符号序列中舍去第一个符号，得到另一个符号序列，这种操作称为符号序列的移位（shift）。可见，映射的迭代，相当于符号序列的移位。

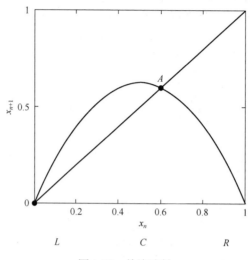

图 1.20　单峰映射

把式（1.37）的最后一个写成逆函数形式为

$$x_0 = f^{-n}(x_n) \tag{1.40}$$

因为非线性函数 f 的逆函数不是一对一，而是多值函数，因此需要明确标出函数 f 的单调支：在线段 L（左半边）上的单调上升支记为 f_L，在线段 R（右半边）上的单调下降支记为 f_R。这样数值序列式（1.37）更确切地写为

$$x_0, \quad x_1 = f_{s_0}(x_0), \quad x_2 = f_{s_1}(x_1), \quad \cdots, \quad x_n = f_{s_{n-1}}(x_{n-1}) \tag{1.41}$$

这样，逆函数就可以表达为

$$x_0 = f_{s_0}^{-1}(x_1) = f_{s_0}^{-1} \cdot f_{s_1}^{-1}(x_2) = \cdots = f_{s_0}^{-1} \cdot f_{s_1}^{-1}(x_2) \cdot \cdots \cdot f_{s_{n-1}}^{-1}(x_n) \tag{1.42a}$$

简记为

$$x_0 = s_0 \cdot s_1 \cdot s_2 \cdot \cdots \cdot s_{n-1}(x_n) \tag{1.42b}$$

这样函数 f 对此式作用一次就消去一个 $f_{s_i}^{-1}$，即 s_i，得

$$f(x_0) = s_1 \cdot s_2 \cdot \cdots \cdot s_{n-1}(x_n) \tag{1.43}$$

对于一条超稳定的周期 n 轨道，可以取 $x_0 = x_n = C$，于是

$$f(C) = s_1 \cdot s_2 \cdot \cdots \cdot s_{n-1}(C) \tag{1.44}$$

等式右边就是由相应字母嵌套而成的复合逆函数。式（1.44）就是字提升法。

1.4.2　逻辑斯谛映射的超稳定轨道参数求解

以逻辑斯谛方程为例，求解它的超稳定周期轨道的参数。逻辑斯谛映射中周期 5 以内的超稳定周期序列有以下几种[12, 17]，分别为

周期 2　RC

周期 3　RLC

周期 4 $RLRC$, $RLLC$

周期 5 $RLRRC$, $RLLRC$, $RLLLC$

为了得到以上超稳定周期序列的参数值，应当求解对应的逆函数方程为

$f(C) = R(C)$

$f(C) = R \cdot L(C)$

$f(C) = R \cdot L \cdot R(C)$, $f(C) = R \cdot L \cdot L(C)$

$f(C) = R \cdot L \cdot R \cdot R(C)$, $f(C) = R \cdot L \cdot L \cdot R(C)$, $f(C) = R \cdot L \cdot L \cdot L(C)$

如何写出超稳定周期轨道的符号序列呢？规定迭代初值的选择不能超出动力学不变区间 U（U 外选择经过几次迭代也会进入 U 内，不会再出去）。任何轨道点都不能超出区间 U 的最右端，即 $f(C)$（最右端等于图 1.21 正方形最大长度 $f(C)$）。由 $f(C)$ 所决定的符号序列称为揉序列（kneading sequence），用字母 K 表示，且符号序列从最右端起，即从 R 开头。即

$$K \equiv f(C) = R \cdots$$

超稳定不动点对应一个字母无限次重复，因此只能是 C^∞，简单写成 C。这样图示的左、中、右自然序列由 $L < C < R$ 就可以写成

$$(L, C, R)$$

这样由连续性考虑，得到了整个不动点即周期 1 窗口的揉序列。图 1.21 画出了参数 μ 增加时，不动点由 L 改变到 C，再由 C 改变到 R 的过程。

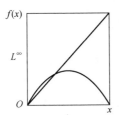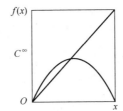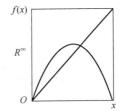

图 1.21   周期 1 窗口对应的映射

因为当不动点在左边时，无限重复，即 L^∞，始终在左边。不动点在中间时，无限重复，即 C^∞，始终在中间。同理 R^∞ 始终在右边。因为左边是单调升函数，斜率为正，中间斜率为零，右边是单调降函数，斜率为负。因此不动点窗口 (L, C, R) 的奇偶性为

$$(+, 0, -)$$

只有奇性的揉序列才可能产生倍周期分岔，因为它对应失稳边界 $f'(\mu, x) = -1$。同样由连续性可推知周期 2 窗口的揉序列是

$$(RR, RC, RL) \tag{1.45}$$

相应的奇偶性还是 $\qquad\qquad (+, 0, -)$

对比 (L, C, R)，实质上做了一次字母代换，即

$$\begin{aligned} R &\to RL \\ C &\to RC \\ L &\to RR \end{aligned} \tag{1.46}$$

这是一个保序和保奇偶性的变换。由式（1.46）与式（1.45）再做一次代换，就得到周期 4 窗口的揉序列，即

$$(RLRL, RLRC, RLRR)$$

超稳定周期4窗口的揉序列是 $RLRC$。

这些字都可以提升成为方程，用以计算相应的超稳定参数值。

为便于求解，对逻辑斯谛映射方程

$$y_{n+1} = f(\lambda, y_n) = \lambda y_n (1 - y_n) \tag{1.47}$$

做如下变换：

令 $x = \dfrac{4y - 2}{\lambda - 2}$，即 $y = \dfrac{(\lambda - 2)x + 2}{4}$，代入式（1.47），得到

$$\dfrac{(\lambda - 2)x_{n+1} + 2}{4} = \lambda \dfrac{(\lambda - 2)x_n + 2}{4}[1 - \dfrac{(\lambda - 2)x_n + 2}{4}]$$

经整理得到

$$x_{n+1} = 1 - \mu x_n^2 \equiv f(x_n) \tag{1.48}$$

$$\mu = \dfrac{\lambda(\lambda - 2)}{4}$$

λ 的变化范围为 $0 \to 4$，y 的变化范围为 $0 \to 1$，则 x 的变化范围为 $-1 \to 1$。

确定超稳定周期参数的方法见参考文献[12,17]。

$$f(x) = 1 - \mu x^2 \quad x \in [-1, 1], \ \mu \in (0, 2]$$

逆函数为

$$R(y) = f_R^{-1}(y) = \sqrt{\mu^{-1}(1 - y)} \tag{1.49a}$$

$$L(y) = f_L^{-1}(y) = -\sqrt{\mu^{-1}(1 - y)} \tag{1.49b}$$

如周期2的字符序列 $K = RC$，$f(0) = R(0)$，有

$$1 = \sqrt{\mu^{-1}}$$

化为不动点迭代方程为

$$\mu_{n+1} = \sqrt{\mu_n}$$

求得 $\mu = 1$，如图1.22（a）所示。

周期3的字符序列 $K = RLC$，$f(0) = RL(0)$，有

$$1 = \sqrt{\mu^{-1}(1 + \sqrt{\mu^{-1}})}$$

两边同乘以 μ，化为不动点迭代方程：

$$\mu_{n+1} = \sqrt{\mu_n + \sqrt{\mu_n}}$$

求得 $\mu = 1.7549$，如图1.22（b）所示。

周期4的字符序列 $K = RLRC$，即 $f(0) = RLR(0)$，代入方程式（1.49a 和 1.49b）得

$$1 = \sqrt{\mu^{-1}(1 + \sqrt{\mu^{-1}(1 - \sqrt{\mu^{-1}})})}$$

两边同乘以 μ，化为不动点迭代方程为

$$\mu_{n+1} = \sqrt{\mu_n + \sqrt{\mu_n - \sqrt{\mu_n}}}$$

求得 $\mu = 1.3107026413368$，如图 1.22（a）所示。

周期 5 的字符序列 $K = RLR^2C$，即 $f(0) = RLRR(0)$，代入式（1.49a 和 1.49b）得

$$1 = \sqrt{\mu^{-1}(1+\sqrt{\mu^{-1}(1-\sqrt{\mu^{-1}(1-\sqrt{\mu^{-1}})})})}$$

上式两边同乘以 μ 后，可化为的不动点迭代方程为

$$\mu_{n+1} = \sqrt{\mu_n + \sqrt{\mu_n - \sqrt{\mu_n - \sqrt{\mu_n}}}}$$

可求得 $\mu = 1.625413725123$，如图 1.22（b）所示。

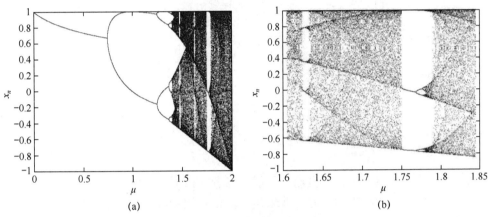

图 1.22　逻辑斯谛映射

用字提升法可以计算任何我们感兴趣的超稳定轨道相应的 μ 值。

求解方法可以概括为：用符号序列确定函数的周期轨道；写出周期轨道的逆函数方程，并形成迭代方程；求解迭代方程，解出超稳定周期轨道的参数值。

附录　另一个逻辑斯谛映射的分岔图程序

（1）用 edit 命令建立自定义函数，名为 logistic1.m，见图 1.22（a）。
方程为 $f(x) = 1 - \mu x^2$　$x \in [-1,1]$，$\mu \in (0,2)$，程序内容如下。

```
N=10000;
for mu=0:0.0001:2.;
x(1)=0.5;
for n=1:N;
x(n+1)=1-mu*x(n)^2;
end
for n= N-10:1:N
plot(mu,x(n),'-');
end
hold on
end
xlabel('\mu')
ylabel('x(n)')
```

（2）用 edit 命令建立自定义函数，名为 Logiszhou3.m，见图 1.22（b），程序内容如下。

```
N=10000;
for mu=1.605:0.0001:1.845;
x(1)=0.;
for n=1:N;
x(n+1)=1-mu*x(n)^2;
end
for n= N-10:1:N
%for n= 1000:1:N
plot(mu,x(n),'-');
end
hold on
end
xlabel('\mu')
ylabel('x(n)')
```

1.5 随机共振[5,18-21]

随机共振是非线性系统、随机输入和信号三者存在下的一种协同现象[18, 19]。对于线性系统，当输入信号中的噪声增加时，输出信号的信噪比会因此而降低，但是，在非线性系统中情况会大不一样。当系统的非线性与输入的信号和噪声之间产生某种协同时，输入噪声增加，使输出的信噪比不但不会降低，反而会大幅度提高，实现了噪声能量向周期信号能量的概率跃迁。这一现象为利用随机共振理论从噪声背景中获取微弱信号提供了十分有用的手段。

1.5.1 非线性朗之万方程

在介绍随机共振理论之前，需要先介绍一点建立随机共振方程的非线性朗之万方程（Langevin Equation）。非线性朗之万方程描述形式为

$$\ddot{x} + r\dot{x} = f(x) + \Gamma(t) \tag{1.50}$$

式中，$f(x)$ 为平均单位质量布朗粒子所受的力。由实验证明，在布朗运动中，布朗粒子不发生振荡运动，而是均匀扩散，即粒子运动加速度为零，惯性项的作用可以忽略不计，通常称其为过阻尼状态，并适当选择单位使 $r=1$，则方程变为

$$\dot{x} = f(x) + \Gamma(t) \tag{1.51}$$

如果 $f(x)$ 是 x 的非线性函数，则称此式为非线性朗之万方程，$\Gamma(t)$ 是朗之万力。

假设 $\Gamma(t)$ 具有以下统计性质：

均值 $$\langle \Gamma(t) \rangle = 0 \tag{1.52a}$$

自相关函数 $$<\Gamma(t)\Gamma(t+\tau)> = 2D\delta(\tau) \tag{1.52b}$$

自功率谱 $$S(\omega) = \int 2D\delta(\tau) e^{-j\omega\tau} d\tau = 2D \tag{1.52c}$$

式中，D 为噪声强度，τ 为时间延迟。功率谱是常数，与 ω 无关，即白谱，故 $\Gamma(t)$ 是白噪

声（White Noise）。不是白噪声的噪声叫作色噪声（Colored Noise），一种常用的色噪声模型是相关函数为指数型的高斯（C.F. Gauss）色噪声，用 $Q(t)$ 表示，满足

$$\langle Q(t) \rangle = 0$$
$$\langle Q(t)Q(t') \rangle = \frac{D}{\tau_0} e^{-\frac{|t-t'|}{\tau_0}} = \frac{D}{\tau_0} e^{-\frac{|\tau|}{\tau_0}} \tag{1.53}$$

这里 τ 是 $Q(t)$ 的相关时间，当 $\tau \to 0$ 时，就是白噪声的相关函数。τ_0 称为时间常数。

色噪声的自功率谱为

$$S(\omega) = \int_{-\infty}^{\infty} \frac{D}{\tau_0} e^{-\frac{|\tau|}{\tau_0}} \cdot e^{-j\omega\tau} d\tau = \frac{D}{\tau_0} \left[\int_{-\infty}^{0} e^{\frac{\tau}{\tau_0}} \cdot e^{-j\omega\tau} d\tau + \int_{0}^{\infty} e^{-\frac{\tau}{\tau_0}} \cdot e^{-j\omega\tau} d\tau \right]$$

$$= \frac{D}{1-j\omega\tau_0} \left[e^{\left(\frac{\tau}{\tau_0}-j\omega\tau\right)} \right]_{-\infty}^{0} - \frac{D}{1+j\omega\tau_0} \left[e^{-\left(\frac{\tau}{\tau_0}+j\omega\tau\right)} \right]_{0}^{\infty} = \frac{D}{1-j\omega\tau_0} + \frac{D}{1+j\omega\tau_0} \tag{1.54}$$

$$= \frac{2D}{1+\tau_0^2\omega^2}$$

其中，$S(\omega)$ 和 ω 的关系是洛伦兹函数关系。如果 τ_0 非常小，频率波段在 $\tau_0\omega \ll 1$ 的区间内，这时的色噪声可以用式（1.52a、1.52b 和 1.52c）的白噪声来近似代替。

在随机共振的研究中，双稳态系统占有核心地位。一方面其理论意义在随机共振中具有典型性，另一方面双稳态系统在物理、化学等自然科学，以及社会科学领域中都拥有广泛的应用。同时，对双稳态系统的研究成果也能很方便地推广到多稳态和其他更复杂的系统。

1.5.2 随机共振系统

根据非线性朗之万方程就可以建立非线性系统、信号和噪声同时存在的随机共振系统，即

$$\dot{x}(t) = \mu x(t) - x^3(t) + A\sin(\Omega t + \varphi) + \Gamma(t) \tag{1.55}$$

式中，$\mu > 0$。A 为信号幅值，Ω 是信号的频率，$\Gamma(t)$ 代表高斯白噪声。

式（1.55）中双稳态非线性函数为

$$\dot{x}(t) - \mu x(t) + x^3(t) = 0 \tag{1.56}$$

弹性项对 x 积分得到势函数为

$$U(x) = -\frac{\mu}{2}x^2 + \frac{1}{4}x^4 \tag{1.57}$$

令

$$\mu x - x^3 = 0$$

解出该系统有一个不稳定定态解为 $\quad x = 0 \tag{1.58a}$

和两个稳定定态解为 $\quad x = \pm\sqrt{\mu} \tag{1.58b}$

势函数的图形如图 1.23 所示，所以称为双稳态系统。由式（1.58a 和 1.58b）知道，在没有信号和噪声（$A=0, D=0$）时，即在静态条件下，系统具有两个相同的势阱和一个势垒，阱底位于 $\pm\sqrt{\mu}$，势垒高度为 $\Delta U = \mu^2/4$，势能最小值位于 $x = \pm\sqrt{\mu}$，此时系统的状态被限制在双势阱之一，并由初始条件决定。

当外界输入信号 $A \neq 0$ 时，整个系统的平衡被打破，势阱在信号的驱动下发生倾斜。当静态值 A 达到阈值 $A_c = \dfrac{2\sqrt{3}}{9}\mu^{\frac{3}{2}}$ 时，输出将会越过势垒进入另一势阱，使状态发生大幅跳变，这样系统就完成了一次势阱触发。其中，阈值 A_c 可由以下算式求得：由 $U'(x) = \mu x - x^3$，令 $U''(x) = \mu - 3x^2 = 0$，$x = \sqrt{\dfrac{\mu}{3}}$，那么，$A_c = (\mu x - x^3)_{\max} = \sqrt{\dfrac{\mu}{3}}\mu - \left(\sqrt{\dfrac{\mu}{3}}\right)^3 = \sqrt{\dfrac{4}{27}}\mu^{\frac{3}{2}} = \dfrac{2\sqrt{3}}{9}\mu^{\frac{3}{2}}$。

因此，阈值 A_c 成为双稳态系统的静态触发条件。在静态条件下，当 $A < A_c$ 时，如图 1.23 所示，系统的输出状态将只能在 $x = \sqrt{\mu}$ 或 $x = -\sqrt{\mu}$ 处的势阱内作局部的周期运动；当 $A > A_c$ 时，系统的输出状态将能克服势垒在双势阱之间作周期运动。然而，当系统有噪声输入时，在噪声的驱动下，即使 $A < A_c$ 甚至在 $A \ll A_c$ 时，系统仍可以在两势阱之间按信号的频率作周期性运动，使输出信号幅值大于输入信号的幅值，实现了噪声能量向周期性信号能量的概率跃迁。质点在势阱之间的跃迁关系如图 1.24 所示。

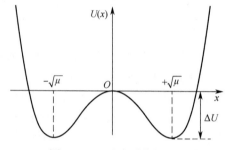 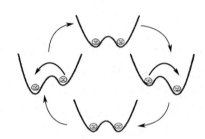

图 1.23　双稳态系统的势函数　　　　图 1.24　质点在势阱之间的跃迁示意图

对于图 1.23 所示的双稳态系统，可以求得系统输出的信噪比[5]（信号功率与噪声功率之比）为

$$\text{SNR} = \frac{\int_{-\infty}^{\infty} S_s(\omega)\mathrm{d}\omega}{S_N(\omega = \Omega)} = \pi \left(\frac{A_0 x_m}{D}\right)^2 R_K \tag{1.59}$$

式（1.59）即为绝热近似条件下的信噪比。R_K 是克莱默斯逃逸速率。

对于双稳态系统 $x_m = \pm\sqrt{\mu}$，$R_K = \dfrac{\mu}{\sqrt{2\pi}}\mathrm{e}^{-\frac{\mu^2}{4D}}$ 代入式（1.59）

得到双稳态系统的信噪比

$$\text{SNR} = \frac{\sqrt{2}\mu^2 A^2 \mathrm{e}^{-\frac{\mu^2}{4D}}}{2D^2} \tag{1.60}$$

双稳态系统信噪比 SNR 随噪声 D 变化的曲线如图 1.25（a）所示。由图可见，信噪比 SNR 随噪声 D 变化的曲线与线性系统中的幅频共振曲线图 1.4（a）具有形状上的相似性，因而称其为随机共振。由图可见在小参数条件下随机共振现象是十分明显的。在随机共振现象中，存在着噪声能量向信号能量概率转移的机制，从而激发出淹没在噪声背景中的微弱信号，增强了信号输出的信噪比。

利用随机共振原理能够实现噪声能量向周期信号能量的概率跃迁,在合适的噪声区间信噪比会极大增强,强化了输出的周期信号,而大大削弱了噪声强度,如图1.25(b)所示,为从噪声背景中提取微弱的周期信号提供了一种手段[22-27]。

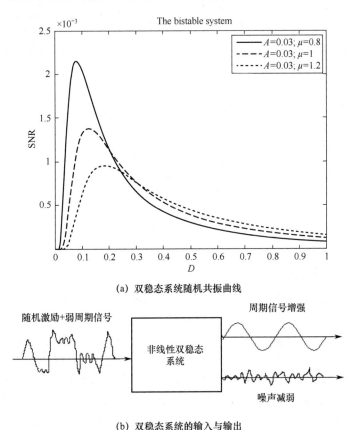

(a) 双稳态系统随机共振曲线

(b) 双稳态系统的输入与输出

图1.25 双稳态系统的随机共振现象

1.6 圆映射与阿诺德舌[2, 9, 12, 13]

在三维相空间中,将两个振动频率之比称为旋转数。如地球绕太阳的公转频率为ω_1(周期为T_1),地球自转的频率为ω_2(周期为T_2),那么,旋转数Ω为

$$\Omega = \frac{\omega_2}{\omega_1} = \frac{T_1}{T_2} = \frac{p}{q} \tag{1.61}$$

若运动的轨道头尾相接,则$\Omega = \frac{p}{q}$是整数,运动是周期的,如图1.26(a)所示;若运动的轨道头尾不能相接,布满了整个环面,$\Omega = \frac{p}{q}$是无理数,则运动称为拟周期的,如图1.26(b)所示。为了描述拟周期运动,我们垂直于大圈作一平面切割环面,这个平面称为庞加莱截面,如图1.26(c)所示。

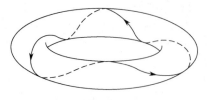
(a) 旋转数 $\Omega=3$ 的周期运动

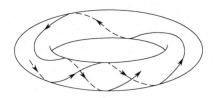
(b) 拟周期运动

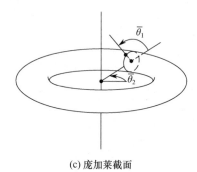
(c) 庞加莱截面

图 1.26 环面上的轨道

定义如下的映射关系：

$$\theta_{n+1} = f(\theta_n) = \theta_n + \Omega - \frac{K}{2\pi}\sin(2\pi\theta_n) \quad (\bmod 1, K>0) \tag{1.62}$$

称为圆映射（circle map）。映射式（1.62）有两个控制参数，一个是频率比参数 $\Omega = \dfrac{\omega_2}{\omega_1}$，另一个是非线性强度参数 K。圆映射是研究耦合振动和受迫振动的一个形式简单而又典型的数学模型。式中，"mod"表示模数，即定义映射角度在圆上旋转一周是 1，因而如 $\theta=0.7$ 和 $\theta=1.7$ 代表圆上同样的点，所以，只需关注 $\Omega \leqslant 1$ 的分数就可以了。

当控制参数在某个范围内，两个频率之比 $\Omega = \dfrac{\omega_2}{\omega_1} = \dfrac{p}{q}$（$p,q$ 为整数），即按一定的频率比振荡，我们就称这两个振荡是锁频（又称锁相或锁模）。当 $\Omega = \dfrac{\omega_2}{\omega_1} = \dfrac{p}{q} = 1$ 时就称为同步。

这样 Ω 应该在 $\dfrac{0}{1} \leqslant \Omega \leqslant \dfrac{1}{1}$，也就是说非线性映射式（1.62）在 $K>0$ 时，Ω 可以锁定在有理数 $\dfrac{p}{q}$ 上，出现锁频现象，也可以是无理数，说明是拟周期。

这样，在非线性耦合条件下，当 K 一定时，就会出现许多不同旋转数 $\Omega = \dfrac{p}{q}$ 的锁相区。已经证明[2, 13]这些锁相区的出现规律满足数学上的法里（Farey）序列。即两个有理数的分子和分母分别相加仍是一个有理数。若 $\dfrac{p}{q}$ 和 $\dfrac{p'}{q'}$ 是两个有理数，则

$$\frac{p}{q} + \frac{p'}{q'} \to \frac{p+p'}{q+q'} \tag{1.63}$$

仍是一个有理数，且若 $\frac{p}{q} < \frac{p'}{q'}$，则 $\frac{p}{q} < \frac{p+p'}{q+q'} < \frac{p'}{q'}$。在参数平面（$\Omega, K$）上，其锁相频率区域如图 1.27（a）所示，基于锁相频率区域向下尖细的形状，人们称之为阿诺德舌或阿诺德角（Arnold tongues 或 Arnold horns）。

由式（1.63）可知，在[0,1]可排列出无穷多锁相频率区。

如果取分母最大为 5 的法里序列（5 称为法里序列的序），其序列为

$$\frac{0}{1}, \frac{1}{5}, \frac{1}{4}, \frac{1}{3}, \frac{2}{5}, \frac{1}{2}, \frac{3}{5}, \frac{2}{3}, \frac{3}{4}, \frac{4}{5}, \frac{1}{1}$$

其中，每个分数是它相邻的两个分数按式（1.63）所定义的"和"。其图形如图 1.27（b）所示。在 $K<1$ 时，先是拟周期性（$\Omega = p/q$ 为无理数），然后锁相成周期轨道（$\Omega = p/q$ 为有理数），最后在 $K>1$ 时演变成混沌。在圆映射式（1.62）中表现为 $K>1$ 时，成为不可逆的映射（θ_{n+1} 有多个 θ_n 对应）。图中，注明分数的区域是锁相区，其余无理数的区域是拟周期区。$K>1$ 时，虚线所示区域为混沌区。

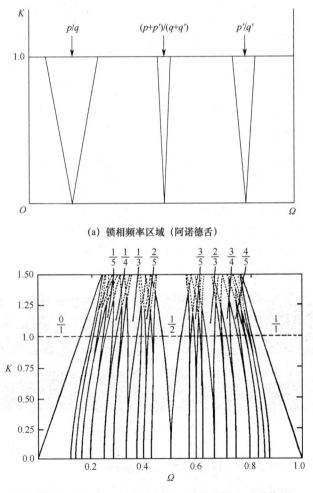

(a) 锁相频率区域（阿诺德舌）

(b) 正弦圆映射的锁相区（标有分数区）和拟周期区（无分数区）

图 1.27 圆映射的锁相频率区域

式（1.62）中，$\theta_{n+1} = f(\theta_n) = \theta_n + \Omega - \dfrac{K}{2\pi}\sin(2\pi\theta_n)$ (mod $1, K > 0$)，取 $\Omega = 0.04$，得到正弦圆映射随 K 变化的分岔图，如图 1.28 所示。可见正弦圆映射是通过倍周期分岔进入混沌的。

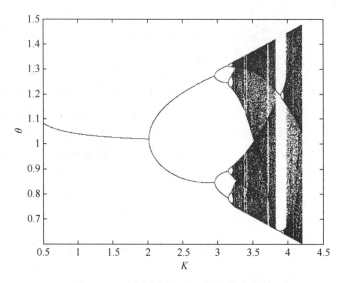

图 1.28 正弦圆映射随 K 变化的分岔图

我们知道月球绕地球公转的频率与月球自转的频率相等，即 $\Omega = \dfrac{\omega_2}{\omega_1} = 1$，达到同步运动，所以我们在地球上始终只能看到月球的正面。两只挂钟背靠背挂在同一木板墙上时，这两只挂钟的钟摆会走到严格的同步，甚至若干个节拍器放在同一个桌面上，然后拨动它们，使之随机摆动，只需要很短的时间，节拍器指针的摆动频率就会趋于一致，形成完全同步的钟摆运动，如图 1.29 所示。会场上人们在鼓掌的时候会不自觉地形成统一的节奏，产生共鸣。人体的生物钟和昼夜交替的周期是基本同步的，但是从东半球到西半球会经过一段时间才能调整过来，获得新的锁频。注意观察，我们实际生活中有很多同步的例子。

图 1.29 节拍器同步实验

附录 圆映射（circle map）的分岔图程序

% $\theta_{n+1} = f(\theta_n) = \theta_n + \Omega - \dfrac{K}{2\pi}\sin(2\pi\theta_n)$ (mod $1, K > 0$)

```
%circle map
%x(n+1)=x(n)+Ω -k/(2*pi)*sin(2*pi*x(n));

clc,clear
N=1000;
for k=0.5:0.001:4.2;
 p=0.04;
 x(1)=0.5;
  for n=1:N;
    x(n+1)=x(n)+p-k/(2*pi)*sin(2*pi*x(n));
    if x(n+1)/N>1;
    x(n+1)=x(n+1)/N-1;
    end
  end
  for n= N-100:1:N
  plot(k/(pi),x(n),'-');
  end
  hold on
end
xlabel('k');
ylabel('x');
```

1.7 李雅普诺夫指数[2, 5, 9, 13]

李雅普诺夫（Lyapunov）是俄国著名的数学家和力学家。李雅普诺夫在常微分方程、天体力学，以及概率论方面享有很高的国际声誉。数学中有多项研究成果是以他的姓氏命名的，如李雅普诺夫第一方法、李雅普诺夫第二方法、李雅普诺夫定理、李雅普诺夫函数、李雅普诺夫维数、李雅普诺夫稳定性等。

1.7.1 李雅普诺夫指数的数学描述

混沌系统的基本特点就是系统对初值的极端敏感性，两个相差无几的初值所产生的轨迹，随着时间的推移按指数方式分离，李雅普诺夫指数就是用来定量描述这一现象的。

考虑初值有一点差别 δx_0，经过 n 次迭代后的影响为

$$\delta x_n = |f'(x_{n-1})| \cdot \delta x_{n-1} = |f'(x_{n-1})| \cdot |f'(x_{n-2})| \cdot \delta x_{n-2} = \cdots$$
$$= |f'(x_{n-1})| \cdot |f'(x_{n-2})| \cdots |f'(x_0)| \cdot \delta x_0$$

因此

$$\frac{\delta x_n}{\delta x_0} = \frac{\delta x_n}{\delta x_{n-1}} \cdot \frac{\delta x_{n-1}}{\delta x_{n-2}} \cdots \frac{\delta x_1}{\delta x_0} \qquad (1.64)$$
$$= |f'(x_{n-1})| \cdot |f'(x_{n-2})| \cdots |f'(x_0)| = e^{LE \cdot n}$$

其中，

$$LE = \frac{1}{n}\sum_{i=0}^{n-1}\ln|f'(x_i)| \tag{1.65a}$$

称为李雅普诺夫指数，代表 n 次迭代误差变化的平均值。

事实上，令 $y = \dfrac{\delta x_n}{\delta x_0} = |f'(x_{n-1})| \cdot |f'(x_{n-2})| \cdots |f'(x_0)|$

$$\ln y = \ln|f'(x_{n-1})| + \cdots + \ln|f'(x_0)| = \sum_{i=0}^{n-1}\ln|f'(x_i)|$$

$y = \mathrm{e}^{n\cdot\frac{1}{n}\sum_{i=0}^{n-1}\ln|f'(x_i)|} = \mathrm{e}^{LE\cdot n}$，得到

$$LE = \frac{1}{n}\sum_{i=0}^{n-1}\ln|f'(x_i)| \tag{1.65b}$$

或
$$LE = \lim_{n\to\infty}\frac{1}{n}\sum_{i=0}^{n-1}\ln|f'(x_i)| \tag{1.66}$$

$\dfrac{\delta x_n}{\delta x_0} < 1 \Rightarrow LE < 0$，负的李雅普诺夫指数说明系统作稳定的周期运动；

$\dfrac{\delta x_n}{\delta x_0} = 1 \Rightarrow LE = 0$，李雅普诺夫指数等于零意味着系统将出现分岔；

$\dfrac{\delta x_n}{\delta x_0} > 1 \Rightarrow LE > 0$，正的李雅普诺夫指数说明系统将进入混沌运动。

李雅普诺夫指数（反映 n 次迭代误差变化的平均值）有正有负，即存在拉伸、压缩和折叠过程。一维映射只有一个李雅普诺夫指数，它可能出现上述三种状态。只有当李雅普诺夫指数为正时，才能出现混沌运动。对于高维映射，李雅普诺夫指数有一个为正，就会出现混沌，两个以上为正，称为超混沌。

1.7.2　几种典型映射的李雅普诺夫指数

（1）帐篷映射的李雅普诺夫指数

分段线性映射的表达式可写为 $x_{n+1} = 1 - |1 - ax_n|$，式中令 $a = 2$，得到帐篷映射为如下函数，因为形似帐篷而得名。

$$x_{n+1} = \begin{cases} 2x_n, & 0 \leqslant x_n \leqslant \dfrac{1}{2} \\ 2(1-x_n), & \dfrac{1}{2} < x_n \leqslant 1 \end{cases} \tag{1.67}$$

造成初值敏感性的主要机制在于伸长与折叠。这就相当于该映射可以看成为两步：第一步均匀伸长区间 $[0,1]$ 成为原来的 2 倍，第二步将伸长的间隔再折叠起来成为原区间，如图 1.30（a）所示。其伸长的特性是把相邻点的距离拉开，最终导致相邻点指数分离。其折叠的特性则是把很远的点凑到一起，使得序列最终保持有界。这种伸长折叠过程不断地进行下去，从而导致混沌。

由式（1.67）可见，每一点的斜率$|f'(x)|=2$，所以有

$$LE=\frac{1}{n}\sum_{i=0}^{n-1}\ln|f'(x_i)|=\frac{1}{n}\sum_{i=0}^{n-1}\ln 2=\frac{1}{n}n\ln 2=\ln 2$$

李雅普诺夫指数为正，说明帐篷映射能够产生混沌，而且由于李雅普诺夫指数恒为正，所以进入混沌状态后不会再出现周期窗口，如图1.30（b）所示。

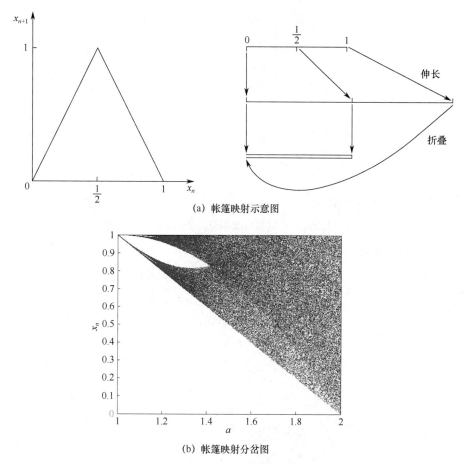

(a) 帐篷映射示意图

(b) 帐篷映射分岔图

图1.30 帐篷映射示意图和分岔图

（2）逻辑斯谛映射的李雅普诺夫指数

逻辑斯谛映射的方程为$x_{n+1}=\mu x_n(1-x_n)$，代入式（1.65a 或 1.65b），可以计算出李雅普诺夫指数。由$LE=\frac{1}{n}\sum_{i=0}^{n-1}\ln|f'(x_i)|$，编程计算，得到逻辑斯谛映射的倍周期分岔图（如图1.31（a）所示）和李雅普诺夫指数图（如图1.31（b）所示）。

由图1.31可见逻辑斯谛映射的李雅普诺夫指数LE随参数μ值变化起伏很大，有一个临界值，当$\mu<\mu_c=3.576448\cdots$时指数的变化始终处于负值，说明是周期运动。当$\mu\geqslant\mu_c$时，指数开始转为正值，就是说逻辑斯谛映射从这里开始由规则运动转为混沌，进入混沌状态。但是在混沌区的各个窗口中指数值LE又转为负值，即这里仍存在规则运动。这样便展现出

一幅规则—混沌—规则—混沌……交织起来的丰富多彩的图像,说明混沌是一种多尺度的、包含着无穷层次的运动形态。由图 1.31（a）和图 1.31（b）可以清楚地看到逻辑斯谛映射的倍周期分岔图和李雅普诺夫指数图之间的一一对应关系。当李雅普诺夫指数等于零时对应着分岔图中的倍周期分岔点,正的李雅普诺夫指数对应着混沌区。

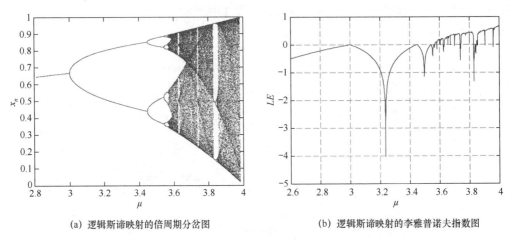

(a) 逻辑斯谛映射的倍周期分岔图　　　　(b) 逻辑斯谛映射的李雅普诺夫指数图

图 1.31　逻辑斯谛映射的倍周期分岔图和李雅普诺夫指数图

（3）埃农映射的李雅普诺夫指数[15]

埃农映射（Henon Map）是法国天文学家埃农在 1976 年提出的[5],埃农映射的方程式为

$$\begin{cases} x_{n+1} = 1 - px_n^2 + qy_n \\ y_{n+1} = x_n \end{cases} \quad (1.68)$$

编程得到埃农映射的倍周期分岔图如图 1.32（a）所示和李雅普诺夫指数图如图 1.32（b）所示。

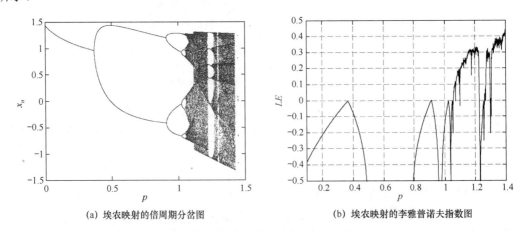

(a) 埃农映射的倍周期分岔图　　　　(b) 埃农映射的李雅普诺夫指数图

图 1.32　埃农映射的倍周期分岔图和李雅普诺夫指数图

图 1.32 是取参数 $q = 0.3$,参数 p 在 0 与 1.5 之间变化的埃农映射的倍周期分岔过程和对应的李雅普诺夫指数图,可以观察到如图 1.32（a）所示埃农映射由倍周期分岔进入混沌

的过程，其中第一个倍周期分岔出现在 $p=0.3675\cdots$。图 1.32（b）清楚地显示出在李雅普诺夫指数等于 0 时对应的埃农映射出现倍周期分岔，正的李雅普诺夫指数对应着混沌区。同样在 $p=1.22$ 到 $p=1.28$ 小周期窗口出现相对应的负的，以及正负交替的李雅普诺夫指数。与逻辑斯谛映射一样，同样存在着倍周期分岔的自相似结构。

（4）圆映射的李雅普诺夫指数

圆映射如式

$$\theta_{n+1} = \theta_n + \Omega - \frac{K}{2\pi}\sin(2\pi\theta_n) \quad (\mathrm{mod}\ 1, K>0)$$

取 $\Omega=0.04$，得到如图 1.33 所示的圆映射的倍周期分岔图（见图 1.33（a））和圆映射的李雅普诺夫指数图（见图 1.33（b））。两幅图之间具有一一对应的关系。

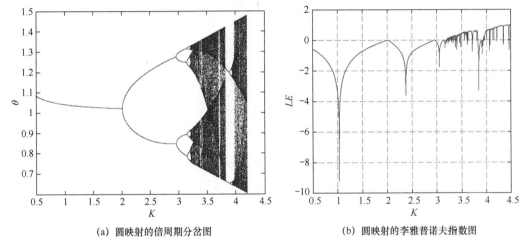

(a) 圆映射的倍周期分岔图　　　　(b) 圆映射的李雅普诺夫指数图

图 1.33　圆映射的倍周期分岔图与李雅普诺夫指数图（$\Omega=0.04$）

附录

（1）帐篷映射（Tent Map）的分岔图程序

$$x_{n+1}=1-|1-ax_n|$$

```
%zhangpeng.m
N=10000;
for a=1:0.0001:2;
  x(1)=0.01;
  for n=1:N;
  x(n+1)=1-abs(1-a*x(n));
  end
  for n= N-10:1:N
  plot(a,x(n),'-');
  end
hold on
end
xlabel('a')
```

```
ylabel('x(n)')
```

（2）埃农映射（Henon Map）的分岔图程序

$$\begin{cases} x_{n+1} = 1 - px^2 + qy_n \\ y_{n+1} = x_n, \quad q = 0.3 \end{cases},$$

```
%Henon1.m
N=1000;
for p=0.:0.0001:1.5;
x(1)=0.5;
y(1)=0.5;
for n=1:N;
x(n+1)=1.-p*(x(n))^2+0.3*y(n);
y(n+1)=x(n);
end
for n= N-10:1:N
plot(p,x(n),'-');
end
hold on
end
xlabel('p')
ylabel('x(n)')
```

（3）逻辑斯谛映射（Logistic Map）的李雅普诺夫指数程序

$$x_{n+1} = \mu x_n (1 - x_n), \quad LE = \frac{1}{n}\sum_{i=0}^{n-1}\ln|f'(x_i)|$$

```
%logisticlyapu.m
n=10000;
a=2.6:0.001:4;
len=length(a);
a=reshape(a,len,1);
sum=zeros(len,1);
unit=ones(len,1);
x=unit*0.1;
for i=1:n
    y=a.*(unit-2*x);
    sum=sum+log(abs(y));
    x=a.*x.*(unit-x);
end
lamuda=sum/10000;
plot(a,lamuda)
grid on

xlabel('\mu')
%ylabel('Xn(\mu)')
ylabel('LE')
```

```
title('逻辑斯谛映射的李雅普诺夫指数')
```

(4) 埃农映射的李雅普诺夫指数程序

$$\begin{cases} x_{n+1} = 1 - ax^2 + by_n \\ y_{n+1} = x_n, \quad b = 0.3 \end{cases}$$

```
%HenonLE.m
clear all;clc;
a=0.1:0.001:1.4;k=length(a);
b=0.3;p=600;
for n=1:k
    for m=2:p
        x(1,n)=0.4;y(1,n)=0.6;
        x(m,n)=1+b*y(m-1,n)-a(n)*x(m-1,n)^2;
        y(m,n)=x(m-1,n);
    end
end
for r=1:k
    for h=2:p
        A{1,r}=[-2*a(r)*x(1,r),b;1,0];
        A{h,r}=[-2*a(r)*x(h,r),b;1,0]*A{h-1,r};
    end
end
for t=1:k
    vv(:,t)=eig(A{p,t});v=max(abs(vv));
    LE1=1/p*log(v);
end
plot(a,LE1,'k');hold on;
plot(a,0,'k:');
grid on
axis([a(1),a(k),-0.5 0.5]);
xlabel('p');
ylabel('LE');
title('埃农映射的李雅普诺夫指数');
```

(5) 圆映射的李雅普诺夫指数程序

```
%circlya.m

n=10000;
k=0.5:0.001:4.5;
len=length(k);
k=reshape(k,len,1);
sum=zeros(len,1);
unit=ones(len,1);
x=unit*0.1;
```

```
%p=0.25;
p=0.04;
for i=1:n
    y=unit-k.*cos(2*pi*x);
    sum=sum+log(abs(y));
    x=x+p-k/(2*pi).*sin(2*pi*x);
end
lamuda=sum/10000;
plot(k,lamuda)
grid on

xlabel('k')
ylabel('LE')
title('圆映射的李雅普诺夫指数')
```

第 2 章

分形理论与重整化群[9,13,28-31]

美国数学家曼德勃罗（Mandelbrot）于 1982 年出版了第一本有关分形（fractal）的专著——《自然界的分形几何》（*The Fractal Geometry of Nature*），阐述了分形几何的基本概念和理论，开启了美丽的分形画卷。分形几何的图形不是整数维，而是分数维，它和混沌吸引子一样具有无穷嵌套的自相似结构。所以混沌是时间上的分形，分形则是空间上的混沌。混沌和分形最基本的特征是多尺度，或称无特征尺度，混沌通过伸长和折叠形成多尺度，分形则是系统无特征尺度的形态。由于多尺度特征，分形必然是由大大小小不同尺度的自相似性构成的结构。例如，一块磁铁中的每一部分都像整体一样具有南北两极，不断分割下去，每一部分都具有和整体相同的磁场。对于这种多层次的自相似结构，适当地放大或缩小几何尺寸，其系统特性不会改变。在生物系统中，涡虫被切割成若干段，很快每一段又能生长出一个新的涡虫，这是因为它的每一段都与原始涡虫一样，具有严格的自相似结构。

分形维数是对分形的一种定量描述，也叫分数维。有了分形的概念，对一类用经典的整数维无法描述的几何图形，如绵延起伏的山脉、蜿蜒曲折的江河、弯弯曲曲的海岸线、粗糙不平的断面、漫天飞舞的雪花、五花八门的树枝，甚至千姿百态的花叶，都可以利用分形的概念完美地描绘出来。分形犹如神来之笔，用简单无奇的方法描绘出纷繁复杂的大千世界。

美国物理学大师约翰·惠勒说过，今后谁不熟悉分形，谁就不能被称为科学界的文化人。由此可见分形的重要性。中国著名学者周海中教授认为，分形几何不仅展示了数学之美，也揭示了世界的本质，还改变了人们理解自然奥秘的方式。可以说，分形几何是真正描述大自然的几何学，能极大地拓展人类的认知范围。

2.1 分形维数

在对物体或数学集合的几何性质描述中，物体的维数是最重要的性质之一。长期以来，人们对整数维数有比较直观、清楚的认识，如点的维数是 0，线的维数是 1，面的维数是 2，体的维数是 3。由此可以推演出关于维数的很有意义的规律。

2.1.1 自相似维数

考虑直线中的一个线段 N，把它的尺寸放大 l 倍，相当于沿着线段方向把它拉长了 l 倍的长度；而平面中的一个矩形 N，把它的尺寸在长宽方向上都放大 l 倍，它的面积会变成原来面积的 l^2 倍。同样，一个立方体 N，各个边长都增大 l 倍，则其体积会增大到原体积的 l^3 倍。更一般地，D 维空间中的一个 D 维几何体 N，把它每个方向上的尺寸都放大 l 倍，则会得到一个体积是原体积 l^D 倍的几何体。设 $N = l^D$，得到

$$D = \frac{\ln N}{\ln l} \tag{2.1}$$

称式（2.1）为自相似维数。

例1 求谢尔宾斯基（Sierpinski）地毯的维数

在地毯中心取一正方形，将其涂黑，作为初始单元，如图 2.1（a）所示，将它分为 9 个小正方形，并去除其中一个，让其余 8 个小正方形分布于初始单元的四周，如图 2.1（b）所示，并让这 8 个小正方形作为生成元，这 8 个小正方形各自再等分，生成更小的 9 个正方形，同样，再挖掉中央的正方形，……，按此规律一直进行下去，以至无穷。由此形成的图形就是谢尔宾斯基地毯图形，如图 2.1（c）所示，这是一种自相似结构的图形。

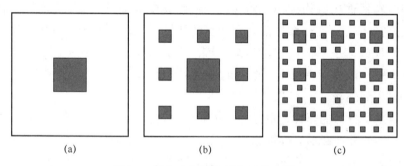

图 2.1 谢尔宾斯基地毯分形构造图

为了求其分数维 D，将小正方形每边同时扩大 3 倍，则扩大后的大正方形的面积是小正方形面积的 9 倍，然后挖掉中央的一个小正方形，这时扩大后的大正方形的面积就成为小正方形面积的 8 倍，于是，$l = 3$，$N = 8$，这样可求出谢尔宾斯基地毯图形的分数维为

$$D = \frac{\ln N}{\ln l} = \frac{\ln 8}{\ln 3} = 1.8927$$

2.1.2 豪斯多夫维数

自相似维数对于不具有严格自相似性质的图形，难以适用。但可以利用下面叙述的豪斯多夫（Hausdorff）维数来代替它。对于长度 L，用长度为 r 的尺子进行测量，测量结果是 N 尺，即 $N(r) = \dfrac{L}{r} \to N(r) \propto r^{-1}$，对于面积 A，要用 $r \times r$ 的小方块测量，测量结果是 N 块，即 $N(r) = \dfrac{A}{r^2} \to N(r) \propto r^{-2}$，对于体积 V，要用 $r \times r \times r$ 的小方块体测量，测量结果是 N

个,即 $N(r)=\dfrac{V}{r^3} \to N(r) \propto r^{-3}$,由此可以推演出 $N(r)=r^{-D}$,从而得到维数 D_H 为

$$D_H = -\frac{\ln N(r)}{\ln r} = \frac{\ln N(r)}{\ln\left(\dfrac{1}{r}\right)} \tag{2.2}$$

对式(2.2)取极限,得到

$$D_H = -\lim_{r \to 0}\frac{\ln N(r)}{\ln r} = \lim_{r \to 0}\frac{\ln N(r)}{\ln\left(\dfrac{1}{r}\right)} \tag{2.3}$$

式(2.3)称为豪斯多夫维数,D_H 可以为整数,也可以为分数。

例2 科赫(Koch)曲线

科赫曲线如图2.2所示,形如海岸线。曲线的形成过程:第一次映射,把直线的中间 $\dfrac{1}{3}$,做成一个三角形,直线变成原长 $\dfrac{1}{3}$ 的4段折线;第二次映射,每一段折线又变成原长 $\dfrac{1}{3}$ 的4段折线。以此类推,经过 n 次映射后,折线长度变为 $r=\left(\dfrac{1}{3}\right)^n$,共有折线 $N(r)=4^n$ 条。曲线长度 $E_0=1$,$E_1=\dfrac{4}{3}$,$E_2=\dfrac{16}{9}=\left(\dfrac{4}{3}\right)^2$,$\cdots$,$E=\lim_{n \to \infty} E_n = \lim_{n \to \infty}\left(\dfrac{4}{3}\right)^n = \infty$,图形的面积为0,代入式(2.3)得到其维数为

$$D_H = -\lim_{r \to 0}\frac{\ln N(r)}{\ln r} = -\lim_{n \to \infty}\frac{\ln 4^n}{\ln\left(\dfrac{1}{3}\right)^n} = \frac{\ln 4}{\ln 3} \approx 1.26186$$

其维数介于1维与2维之间。

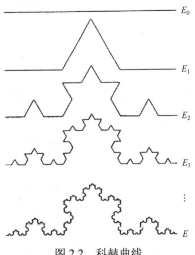

图2.2 科赫曲线

瑞典数学家科赫发现的这个曲线,不断迭代下去形成的图案的形状就像雪花一样,所以人们也称其为科赫雪花。豪斯多夫利用科赫雪花形成的过程,建立了维度计算公式,算出科赫雪

花的维度竟然是 1.26，这就是豪斯多夫的重大发现。因此数学上称其为豪斯多夫维数。

2.1.3 容量维和盒维数

设 A 是 $\mathbf{R}^n$ 空间的任意非空的有界子集，对于任意 $\varepsilon>0$，用 $N(A,\varepsilon)$ 表示用来覆盖 A 的边长为 ε 的 n 维小立方体所需要的最小数量，如果有

$$D_0 = \lim_{\varepsilon \to 0} \frac{\ln N(A,\varepsilon)}{\ln\left(\frac{1}{\varepsilon}\right)} \tag{2.4}$$

存在，则称式（2.4）为 A 的容量维（capacity dimension），因为 $N(A,\varepsilon)$ 表示用来覆盖 A 的边长为 ε 的盒子数，因此容量维也称为盒维数（box dimension），盒维数在数值上与豪斯多夫维数相等。

例3　康托尔（Cantor）集合

康托尔集合如图 2.3 所示。记 $E_0=[0,1]$，第一步（$n=1$），去掉集合 E_0 中间三分之一部分，得 $E_1=\left[0,\frac{1}{3}\right]\bigcup\left[\frac{2}{3},1\right]$，第二步（$n=2$），重复以上步骤，得 $E_2=\left[0,\frac{1}{9}\right]\bigcup\left[\frac{2}{9},\frac{1}{3}\right]\bigcup\left[\frac{2}{3},\frac{7}{9}\right]\bigcup\left[\frac{8}{9},1\right]$，…，如此重复以上一系列步骤，当 $n\to\infty$ 时，E_n 趋向于无穷个点。在零维空间，其度量为无穷大。在一维空间，当进行到第 n 步时，共有 2^n 个小区间，每个区间长度为 $\left(\frac{1}{3}\right)^n$，所以 $E=\lim_{n\to\infty}\left(\frac{2}{3}\right)^n=0$。或者说，$\varepsilon=1$，$N(\varepsilon)=1$；$\varepsilon=1/3$，$N(\varepsilon)=2$；$\varepsilon=(1/3)^2$，$N(\varepsilon)=2^2=4$；$\varepsilon=(1/3)^n$，$N(\varepsilon)=2^n$；$\varepsilon\to 0$，$n\to\infty$；

盒维数为

$$D_0 = \lim_{\varepsilon \to 0} \frac{\ln N(A,\varepsilon)}{\ln\left(\frac{1}{\varepsilon}\right)} = \lim_{n\to\infty}\frac{\ln 2^n}{\ln 3^n} = \frac{\ln 2}{\ln 3} \approx 0.63093$$

其维数介于 0 维和 1 维之间。

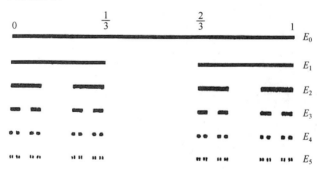

图 2.3　康托尔集合

例4　谢尔宾斯基（Sierpinski）三角形

谢尔宾斯基三角形如图 2.4 所示。E_0 为边长为 1 的等边三角形，E_1 为 3 个边长为 $\frac{1}{2}$ 的

三角形，边长之和 Length(E_1) = $3 \times \left(\frac{3}{2}\right)$，$E_2$ 为 9 个边长为 $\frac{1}{4}$ 的三角形，Length(E_2) = $9 \times \left(\frac{3}{4}\right) = 3 \times \left(\frac{3}{2}\right)^2$，由此得出，Length($E_3$) = $3 \times \left(\frac{3}{2}\right)^3$，Length($E_4$) = $3 \times \left(\frac{3}{2}\right)^4$，那么当 $n \to \infty$ 时，边长之和 Length(E_n) = $\lim\limits_{n\to\infty} 3 \times \left(\frac{3}{2}\right)^n = \infty$，$E_0$ 的面积为 $\frac{\sqrt{3}}{4}$，以后每一步都是分 4 留 3，如图 2.4 所示，所以谢尔宾斯基三角形的面积 Area(E) = $\lim\limits_{n\to\infty} \frac{\sqrt{3}}{4} \times \left(\frac{3}{4}\right)^n = 0$。其维数为

$$D = \frac{\ln 3^n}{\ln \left(\frac{1}{2}\right)^n} = \frac{\ln 3}{\ln 2} \approx 1.58496$$

介于 1 维和 2 维之间。

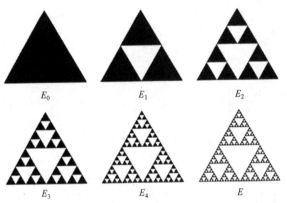

图 2.4　谢尔宾斯基三角形

根据研究对象的不同，还有信息维、关联维、点形维等诸多关于分形的定义，此处不再赘述，可参考相关文献[5, 13, 28, 29]。

2.2　朱利亚集和曼德勃罗集

2.2.1　朱利亚集

1919 年，法国数学家加斯顿·朱利亚（Gaston Julia）在第一次世界大战时受了伤，住院期间，他潜心研究了迭代保角变换公式 $z_{n+1} = z_n^2 + \lambda$，这种复平面上的变换能演化出一系列令人眼花缭乱的图形。当时没有计算机，不能像现在这样把如此美妙绝伦的图案公之于世，直到近代，他的工作成就才展现在世人面前。

逻辑斯谛映射方程 $x_{n+1} = \mu x_n (1 - x_n)$，令 $x_n = -\left(\frac{z_n}{\mu}\right) + \frac{1}{2}$，即 $z_n = \frac{\mu}{2} - \mu x_n$

代入逻辑斯谛映射方程得

$$-\left(\frac{z_{n+1}}{\mu}\right)+\frac{1}{2}=\frac{1}{4\mu}(\mu-2z_n)(\mu+2z_n)$$

整理后可以写成如下简单形式

$$z_{n+1}=z_n^2+C \tag{2.5}$$

其中，$C=\dfrac{\mu}{2}-\dfrac{\mu^2}{4}$，式（2.5）是逻辑斯谛映射的另一种形式。

在复平面上给定参数 C 的值，考察迭代方程（2.5）的变化趋势，得到的结果称为朱利亚集。式（2.5）的不动点方程为

$$z=z^2+C \tag{2.6a}$$

由此解得两个不动点为

$z_1^*=\dfrac{1}{2}-\dfrac{1}{2}\sqrt{1-4C}$，$z_2^*=\dfrac{1}{2}+\dfrac{1}{2}\sqrt{1-4C}$。令 $f(z)=z^2+C$，那么

$$\lambda_1=\left.\frac{\mathrm{d}f(z)}{\mathrm{d}z}\right|_{z_1^*}=2z|_{z_1^*}=1-\sqrt{1-4C} \tag{2.6b}$$

$$\lambda_2=\left.\frac{\mathrm{d}f(z)}{\mathrm{d}z}\right|_{z_2^*}=2z|_{z_2^*}=1+\sqrt{1-4C} \tag{2.6c}$$

$\left|\dfrac{\mathrm{d}f(z)}{\mathrm{d}z}\right|<1$，是吸引子；$\left|\dfrac{\mathrm{d}f(z)}{\mathrm{d}z}\right|>1$，是排斥子；$\left|\dfrac{\mathrm{d}f(z)}{\mathrm{d}z}\right|=0$，是超稳定不动点。

由临界条件 $\left|\dfrac{\mathrm{d}f(z)}{\mathrm{d}z}\right|_{z^*}=\pm 1$，可以得到 C 的周期 1 解的实数范围 $-\dfrac{3}{4}\leqslant C\leqslant \dfrac{1}{4}$，即 $-0.75\leqslant C\leqslant 0.25$。由式（2.6a）知，当参数 $C=0$ 时，朱利亚集在复平面上是一个 $|z|=1$（$x^2+y^2=1$）的圆，在不动点 $z_1^*=0$，即原点处，特征值 $\lambda=0$，属于超稳定不动点（吸引子），在不动点 $z_2^*=1$ 处，特征值 $\lambda=2$，是不稳定点（排斥子），产生分岔。在 C 的吸引区间内，一个不动点是吸引子，则另一个不动点必然是排斥子。可见分形就是空间上的混沌。当边界点 $C=0.25$ 时，迭代图形如图 2.5（a）所示，当另一个边界点 $C=-0.75$ 时，迭代图形如图 2.5（b）所示。当 C 取复数时，经过若干次迭代形成复平面上的有界点集如图 2.5（c）、图 2.5（d）所示的朱利亚集。朱利亚集看上去很复杂，但数学公式（2.5）是很简单的，图形含有无穷无尽的自相似结构。MATLAB 迭代程序见附录。

(a) $C=0.25$　　　　　　　　　(b) $C=-0.75$

图 2.5　朱利亚集

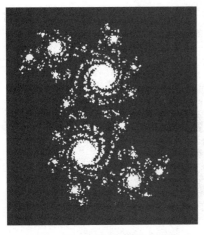 

(c) $C = 0.355-0.355i$　　　　　　　(d) $C = -0.54-0.54i$

图 2.5　朱利亚集（续）

2.2.2　曼德勃罗集

朱利亚集是在复平面 (x, iy) 上考虑的，C 是给定的。那么给定 z_0，从复参数平面 (c_R, c_I) 上考察式（2.5），经过无数次迭代产生的使 $|z_n|$ 有界的点集 (c_R, c_I) 就称为曼德勃罗（Mandelbrot）集。

1980年，法裔美国数学家和计算机专家曼德勃罗着手描制出分形学的代表性图案，即令人惊叹无比的曼德勃罗集。曼德勃罗集与朱利亚集看上去一样复杂，但都出自非常简洁的同一个数学公式，无论把图案放大多少倍，都有某种相似的结构，图案具有无穷无尽的细节和自相似性。具体由下述迭代过程产生。

在式（2.5）中，令 $z = x + iy$ 为复变量，$C = c_R + ic_I$ 是复参数，那么，
$$z^2 = (x+iy)^2 = x^2 - y^2 + i2xy$$
分离实部与虚部有
$$\begin{array}{l} x_{n+1} = x_n^2 - y_n^2 + c_R \\ y_{n+1} = 2x_n y_n + c_I \end{array} \tag{2.7}$$

令初值 $z_0 = 0$，$c \neq 0$，对上式进行迭代，得到一个数集，即曼德勃罗集，如图 2.6 所示。MATLAB 迭代程序见附录。

图 2.5 是朱利亚集在不同参数下的图形。图 2.6 是将曼德勃罗集放大不同倍数对应的图形。其中，图 2.6（b）是图 2.6（a）下方第三级图形的放大，图 2.6（c）是图 2.6（a）第一级与第二级图形之间夹角部分的局部放大，图 2.6（d）是图 2.6（c）的局部放大。由图可见，无论其局部如何放大，无论其局部中的局部如何放大，所得到的图像都具有自相似性，都是分形。有趣的是，混沌的奇怪吸引子就是分形，只是奇怪吸引子和几何上的分形表现在不同的状态空间上。所以混沌是时间上的分形，分形是空间上的混沌。由图示我们似乎看到了一幅犹如神来之笔描绘出的像玫瑰一样无尽而又美丽的画卷：一朵玫瑰万朵裔，每朵又生无数枝，形神内外皆相似，生生不息无穷期，这正是分形的无穷魅力。曼德勃罗集也被形象地称为曼德勃罗佛，又有诗云：曼德勃罗佛，身怀无穷裔，万变不离宗，谁解

其中谜？分形结构里面似乎包含着生命演化的密码，或许这种无穷嵌套的自相似性就是打开宇宙密码的钥匙，也许分形里面就蕴藏着宇宙的密码。

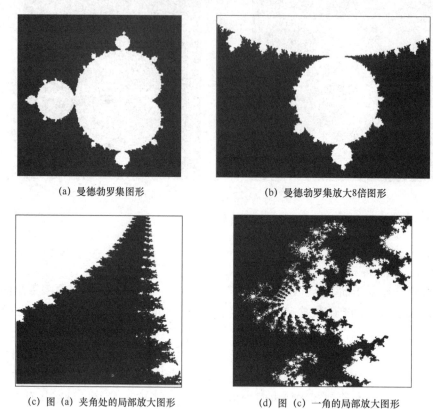

(a) 曼德勃罗集图形　　　(b) 曼德勃罗集放大8倍图形

(c) 图 (a) 夹角处的局部放大图形　　　(d) 图 (c) 一角的局部放大图形

图 2.6　曼德勃罗集

2.3　日常生活中的分形现象

在日常生活中，处处都会存在分形现象。哪怕是一个人的生长过程也是符合分形结构和混沌理论的。虽然每个人的生长过程不尽相同，但是我们的身体内有许多自相似性的结构，像双螺旋的 DNA 结构、血管，以及大脑的构成，这使我们既有相似又有不同。像我们的肺部器官就遵循着复杂的树形分叉结构。为了在有限的体积内充分地吸收空气，肺部的表面积竟然差不多和网球场一样大，这就是分形的特点，不管怎样细分，内部体积都具有自相似的结构。科学家计算，肺泡的豪斯多夫维数大约为 2.97。小到个体，大到自然万物，我们都处于混沌与分形之中。混沌与分形是时空一体的。

磁铁不断分割后的磁极性不变，涡虫被切成数段后每一段还会长出和原涡虫一样的结构。它们自身的每一部分细节都蕴藏着完美的自相似结构。

综上所述，分形几何的特征可以概括为以下几个方面：

(1) 分形集 F 具有精细的结构，即在任意小的尺度之内包含着整体；

(2) 无论是从局部还是从整体上看，分形集 F 是如此的不规则，以至于无法使用传统的几何语言来描述；

（3）分形集 F 具有自相似性，或者是近似的，或者是统计意义下的自相似结构；

（4）通常分形集 F 的分维数大于它的拓扑维数（欧几里得（Euclidean）空间维数）；

（5）分形集 F 一般由迭代或者递归过程产生。

分形与混沌吸引子在机理上是因为非线性系统的特性产生的，在数学上可利用描述自相似行为的重整化群方程来分析，在图形上表现为无穷嵌套的自相似性，在几何空间上都是分数维。

2.4 分形在工程实际中的应用

分形现象在工程实际中广泛存在，分形描述更能反映大自然的本来面目。不过自然界中实际存在的分形现象与数学上的分形描述相比，具有两个明显的不同之处。

（1）自然现象仅在一定尺度范围、一定的层次中才表现出分形特征，这个具有自相似性的范围叫无标度区。在无标度区之外，自相似现象不再存在，也就不存在分形。此外，同一自然现象中可出现多个无标度区，在不同的无标度区上可能出现不同的分形特征。

（2）数学上分形模型存在无穷的嵌套和自相似性，而自然界中的分形往往是具有自相似分布的随机现象，并不像数学上定义的分形那样纯粹、均匀和一致，因而必须从统计学的角度分析和处理。

在设备故障诊断中，故障信号是通过对设备运行状态的在线检测和记录，并根据从检测信号中提取的信号特征进行判断的。有时候这些被测量和记录的特征信号或参数是随时间变化的不规则、不光滑的图像，甚至是一些随机变化的信号或者貌似随机变化的信号。这些信号在一定的尺度范围内具有分形的特征。利用分形的概念从那些不规则、不光滑的检测信号中提取它们的结构特征——分数维，用于甄别设备运行状态中的故障，以及给出设备故障的早期预报都是很有裨益的。

2.5 自相似行为的重整化群[12, 13, 36]

我们看到分形和混沌奇怪吸引子共同的特点是具有无穷嵌套的自相似结构，那么，如何从数学角度描述这种自相似性呢？重整化群方法就是用来解决这个问题的。

重整化群理论是由威尔逊（Wilson, K. G.）于1971年提出的。它是用于考察物理系统尺度变换下的标度不变性的数学工具。标度不变性则意味着具有自相似结构。分形就是一种具有自相似特征的几何体，它的结构自然满足标度不变性，因此基于标度不变性特征的重整化群理论也是研究分形结构的有力工具。

在逻辑斯谛映射的周期轨道中，有一类轨道包括 $x = 1/2$ 点（称作临界点），为周期点之一，对于 2^m 周期

$$\overbrace{f(\cdots(f\left(\frac{1}{2}\right)))}^{2^m} = f^{(2^m)}\left(\frac{1}{2}\right) = \frac{1}{2} \tag{2.8}$$

则称 $x_{n+1}=\mu x_n(1-x_n)$ 具有 2^m 周期的超稳定轨道。对于从 $x=\dfrac{1}{2}$ 出发的周期 2^m 轨道进行稳定性分析，我们知道

$$\frac{\delta x_n}{\delta x_0}=\frac{\delta x_n}{\delta x_{n-1}}\cdot\frac{\delta x_{n-1}}{\delta x_{n-2}}\cdots\frac{\delta x_1}{\delta x_0}$$
$$=|f'(x_{n-1})|\cdot|f'(x_{n-2})|\cdots|f'(x_0)|$$

所以

$$\delta x_n=|f'(x_{n-1})|\cdot\delta x_{n-1}=|f'(x_{n-1})|\cdot|f'(x_{n-2})|\cdot\delta x_{n-2}$$
$$=|f'(x_{n-1})|\cdot|f'(x_{n-2})|\cdots|f'(x_0)|\cdot\delta x_0$$

对于从 $x=\dfrac{1}{2}$ 出发的周期 2^m 轨道

$$\delta x_n=|f'(x_{n+1})|\cdot|f'(x_{n-2})|\cdots|f'(1/2)|\cdot\delta x_0 \tag{2.9}$$

由于 $f'\left(\dfrac{1}{2}\right)=0$，$\dfrac{\delta x_n}{\delta x_0}=0$ 是超稳定轨道，

所以必有该 2^m 周期轨道是超稳定的。

每个周期轨道的周期窗口参数区中都包含一个参数 $\bar{\mu}_m$，对应一条超稳定轨道（见图2.7）。

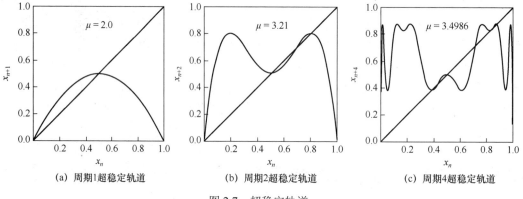

(a) 周期1超稳定轨道　　(b) 周期2超稳定轨道　　(c) 周期4超稳定轨道

图 2.7　超稳定轨道

从图2.7的三个图中，由图形的中心部分可以看到：

$f(x)$ 与 $-\alpha_1 f^{(2)}\left(\dfrac{x}{-\alpha_1}\right)$ 相似，$f^{(2)}(x)$ 与 $-\alpha_2 f^{(4)}\left(\dfrac{x}{-\alpha_2}\right)$ 相似，即将周期2轨道的中部曲线放大 α_1 倍，然后上下颠倒一次可近似得到周期1的轨道。以此类推，将后一个图的中部曲线放大 α_i 倍，然后上下颠倒一次可近似得到前一个图形。

那么可以认为把参数 $\bar{\mu}_m$ 对应的 $f^{(2^m)}(x)$ 在 $x=\dfrac{1}{2}$ 附近图形成比例放大 α_m 倍，然后反向，近似与 $\bar{\mu}_{m-1}$ 参数值下的 $f^{(2^{m-1})}(x)$ 在 $x=\dfrac{1}{2}$ 附近行为相同，即 $f^{(2^m)}(x,\bar{\mu}_m)$ 与 $f^{(2^{m-1})}(x,\bar{\mu}_{m-1})$ 相似，而相似比为 α_m。这一关系用数学方程可表达为

$$J[f(\bar{\mu}_0, x)] = -\alpha_1 f^{(2)}\left(\bar{\mu}_1, -\frac{x}{\alpha_1}\right) \quad (2.10\text{ a})$$
$$= -\alpha_0 f\left[\bar{\mu}_0, f\left(\bar{\mu}_0, -\frac{x}{\alpha_0}\right)\right]$$

以此类推，得

$$J[f^{(2^m)}(\bar{\mu}_m, x)] = -\alpha_{m+1} f^{(2^{m+1})}\left(\bar{\mu}_{m+1}, -\frac{x}{\alpha_{m+1}}\right) \quad (2.10\text{b})$$
$$= -\alpha_m f^{(2^m)}\left[\bar{\mu}_m, f^{(2^m)}\left(\bar{\mu}_m, -\frac{x}{\alpha_m}\right)\right]$$

式中右边的 α_m 乘数因子和括号中的 $\frac{1}{\alpha_m}$ 的因子分别代表在纵轴和横轴方向的相似变换系数，而负号则代表反向对称的相似性。J 称为重整化群变换（重整化算子）。

从上面的讨论可以看出相似关系与 $f(x)$ 的具体形式无关。而且当 $m \to \infty$ 时，$\alpha_m \to \alpha$，式（2.10b）会趋于一类由普适常数 α 和普适函数决定的不变函数方程。

$$J[g(x)] = g(x) = -\alpha g\left[g\left(-\frac{x}{\alpha}\right)\right] \quad (2.11)$$

式（2.11）在函数空间中的 J 泛函操作，称为重整化群操作，而 $g(x)$ 函数是 J 重整化群变换的不动点（即不变函数）。假设函数极值在 $x = 0$ 处，而且采用确定的归一化常数 $g(x = 0) = 1$，则在边界条件

$$g'(0) = \frac{\mathrm{d}g(x)}{\mathrm{d}x}\bigg|_{x=0} = 0, \quad g(0) = 1 \quad (2.12)$$

限制下，对于给定 $f(x)$ 的极值形式 x^z，由式（2.11）可以唯一地求出相应的普适函数 $g(x)$ 和普适常数 α。将 $g(x)$ 展开成函数为

$$g(x) = 1 + c_1 x^z + c_2 x^{2z} + \cdots + c_n x^{2nz} + \cdots \quad (2.13)$$

代入式（2.11），并在有限幂次 x^{2nz} 处进行截断，就可以得到一组 $n+1$ 个未知变量的 $n+1$ 个代数方程组，并解出式（2.13）的 n 个 c_i ($i = 1, 2, \cdots, n, \cdots$) 和常数 α。

在抛物型（逻辑斯谛方程）极值下，$z = 2$。如果我们取式（2.13）展开式的最低两项
$$g(x) = 1 + c_1 x^2$$

则可得 $\alpha = 2.73\cdots$，$c_1 = -\frac{\alpha}{2}$；取三项展开项：$g(x) = 1 + c_1 x^2 + c_2 x^4$，则可得 $\alpha = 2.534\cdots$，$c_1 = -1.5224\cdots$，$c_2 = 0.1276\cdots$。α 和 $g(x)$ 随着展开项的增加，收敛速度变快。

由重整化群方程转化为迭代函数的形式为

$$g_n(x) = -\alpha g_{n-1}\left(g_{n-1}\left(-\frac{x}{\alpha}\right)\right) \quad (2.14)$$

求解式（2.14）收敛速率的问题可归结为对式（2.14）的线性方程的本征值问题。相关问题的讨论可参阅郝柏林著的《从抛物线谈起》[1]及有关文献。

由式（2.10a 和 2.10b）可看出重整化群操作的三个步骤：

（1）周期加倍；（2）参数从 $\bar{\mu}_m$ 变到 $\bar{\mu}_{m+1}$；（3）调整坐标比例和方向。

即以相似关系重复构造先前的图形。

重整化群方法特别适用于研究一个系统在尺度变换下的不变性。若系统中存在不变性，则意味着存在某种分形几何结构，即自相似性。重整化群方程提供了这种分形结构上的分析工具。

附录　画图程序

（1）朱利亚集画图程序

$z_{n+1} = z_n^2 + C$

```
%f(z) = z^2+ c

%Julia.m
function Julia(c,k,v)

if nargin < 3
%c = 0.2+0.65i;
c = -0.8-0.21i;
%c =-0.75-0.21i;
k = 512;                          % 迭代次数
v = 500;                          %x 坐标的点数
end

r = max(abs(c),2);                %图的控制半径
d = linspace(-r,r,v);
A = ones(v,1)*d+i*(ones(v,1)*d)'; % 创建包括复数的矩阵 A
B = zeros(v,v);                   % 创建点矩阵

for s = 1:k                       %迭代数
B = B+(abs(A)<=r);
A = A.*A+ones(v,v).*c;
end

imagesc(B);                       %设置画图
colormap(jet);

hold off;
axis equal;
axis off;
```

（2）曼德勃罗集画图程序

$x_{n+1} = x_n^2 - y_n^2 - c_R$

$y_{n+1} = 2x_n y_n - c_I$

```
%Mandel.m
```

```matlab
xc =-1.478;              %图片中心点
yc =0;
xoom =300;               %放大倍数
res = 512;               %分辨率
iter =100;               %序列项数

x0 = xc - 2 / xoom;
x1 = xc + 2 / xoom;
y0 = yc - 2 / xoom;
y1 = yc + 2 / xoom;

x = linspace(x0, x1, res);
y = linspace(y0, y1, res);
[xx, yy] = meshgrid(x, y);
C = xx + yy * 1i;                        %复参数
z = zeros(size(C));
N = uint8(zeros(res, res, 3));

color = uint8(round(rand(iter, 3) * 255));

for k = 1: iter
    z = z.^2 + C;
    [row, col] = find(abs(z) > 2);
    k1 = zeros(size(row)) + 1;
    k2 = zeros(size(row)) + 2;
    k3 = zeros(size(row)) + 3;

    p1 = sub2ind(size(N), row, col, k1);
    N(p1) = color(k, 1);
    p2 = sub2ind(size(N), row, col, k2);
    N(p2) = color(k, 2);
    p3 = sub2ind(size(N), row, col, k3);
    N(p3) = color(k, 3);
    z(abs(z) > 2) = 0;
    C(abs(z) > 2) = 0;
end
imshow(N);
imwrite(N, 'test.png');
```

第 3 章
混沌控制与同步

3.1 混沌控制[2, 9]

混沌研究大体经历了三个阶段：一是从有序到混沌产生的条件、机制，以及通向混沌的途径，如混沌对初始条件的敏感依赖性及演化出混沌的过程；二是研究混沌的普适性及其内在的规律性，如混沌的奇怪吸引子、无穷嵌套的自相似性，以及分形结构；三是混沌的控制，主动地将混沌转化到有序，趋利避害，利用混沌，如利用混沌原理进行噪声背景中的微弱信号检测，控制混沌实现保密通信等。显然，混沌控制是摆在我们面前的一个十分重要的课题。

混沌控制是利用混沌的前提，而混沌控制的基本含义就是根据混沌的蝴蝶效应这一特性，针对给定的混沌吸引子，通过对系统施加微小的扰动，使之达到某个预期的周期行为。混沌控制的思想是由哈布勒（Hubler）于 1987 年提出来的，哈布勒于 1989 年发表了控制混沌的第一篇论文[32]。1990 年，美国马里兰大学三位物理学家 Ott、Grebogi 和 Yorke 共同发表了"一种混沌系统的控制方法"的论文[33]，简称 OGY 方法，首先提出了一种利用混沌内在特性的控制策略。该策略仅对系统的参数做微小的扰动并反馈给系统，实现将系统的轨道稳定在无穷多个不稳定周期轨道中预期的一条特定轨道上。Ott、Grebogi 和 Yorke 控制混沌的思想使人们改变了以往认为混沌是不可控的保守思想。迄今，混沌控制与混沌同步的研究已有很多报道，见诸相关文献[34-37]。混沌控制和利用已在生物、医学、化工、机械、海洋工程等领域初见成效。

在日常生活和工程实际中，到处都有混沌现象，如西北地区由于生态环境的破坏导致沙尘暴的频繁发生，急功近利的粗放式生产引起的环境污染和雾霾天气，上游小型企业无节制的污水排放造成水资源的污染，城市车流量过大引起的交通拥堵等，都存在着混沌现象，这些都是人们不希望发生的。特别是在一些工程实际中，因为非线性的原因，系统在演化的过程中可能出现分岔和混沌，对系统的正常运行造成损伤，甚至破坏。所以对混沌进行有效的控制是有重大意义的。

任何事情都具有两面性。如何有效地利用混沌也是混沌研究的重要课题。日本 Panasonic 公司在 NNA724M 型微波炉中安装"混沌除霜"装置，使除霜时间比原来减少 60%；利用天体动力学中的混沌机制设计航天器的运行轨道，可以减少燃料损耗；利用混沌动力学原理改进帕金森和肿瘤等疾病的治疗方法；基于混沌理论的保密通信等都是利用混沌的例子。

实现混沌控制已有很多方法，如 OGY 控制法、OPF 控制法、外力反馈控制法、延迟反馈控制法[37]、混沌的自适应控制方法[9]、混沌中非周期轨道的控制方法[9]、参数共振微扰法与外部周期微扰法[2]等。本书中重点介绍外加正弦驱动力控制方法[38, 40]、时间延迟反馈控制方法[39, 40]、反馈控制实验[9]、自适应控制方法[2, 40, 41]等几种。有兴趣的读者可参考相关文献[2, 9, 32-41]。

3.2 外加正弦驱动力控制方法[38, 40]

3.2.1 外加正弦驱动力控制原理

外加周期驱动信号控制混沌的方法国内外都有研究。文献[40]采用外加离散周期信号，实现混沌控制。采用外加正弦驱动力，易于控制其频率，实现与被控对象频率的同步。为了确定正弦型驱动力参数，这里采用实时驱动力参数调节算法。该算法以原系统稳定运行时的可测状态量为希望目标，根据实际输出与希望目标的差值，实时调节外加驱动力，直至满足控制指标。

选用具有代表性的含间隙碰撞振动系统的混沌控制为研究对象，如图 3.1 所示。其中，希望目标为原系统在稳定运行时的某可测状态量（可以是碰撞振动周期、位移量等）作为系统理想输出保存在电脑中，图中实际输出为此可测状态量的实时检测值。e_{n+1} 为实际输出与希望目标在 $n+1$ 时刻的误差值。u 为外加驱动力，可表示为

$$u = B\sin(\gamma\omega\tau) \tag{3.1}$$

式中，B 和 γ 是可调参数，由外加驱动力调节算法控制。图中误差超限判决器满足如下关系：

当 $|e_{n+1}| < \Delta$ 时，$e = 0$，无控制作用产生；

当 $|e_{n+1}| \geq \Delta$ 时，$e = e_{n+1}$，有控制作用产生。

式中，Δ 为给定的系统允许的偏差阈值。

在图 3.1 中，当系统实际输出偏离希望目标的误差 $|e_{n+1}| < \Delta$ 时，$e = 0$，调节算法使 $u = 0$，系统无外加驱动力；当 $|e_{n+1}| \geq \Delta$ 时，$e \neq 0$，此时系统根据外加驱动力调节算法产生 u，并动态调节参数 B 或 γ，直至 $e = 0$，系统回到稳定态。

外加驱动力调节算法根据如下原则确定：为简单起见，以一维系统为例加以说明。

设原非线性映射系统在一定的参数条件下具有混沌运动，其不动点或周期 1 轨道表示为

$$x^* = f(v, x^*) \tag{3.2}$$

式中，x^* 是不动点值，v 是系统参数。

在 x^* 的小邻域内，将式（3.2）展成 Taylor 级数，取其线性项，则有

$$x^* + \Delta x_{n+1} \approx f(v, x^*) + \frac{\partial f(v, x)}{\partial x}\bigg|_{x=x^*} \Delta x_n \tag{3.3}$$

式中，Δx 表示受扰后对 x^* 的小的偏离。利用不动点方程式（3.2）消去式（3.3）两端第一项后，有

$$\frac{\Delta x_{n+1}}{\Delta x_n} = \frac{\partial f(v,x)}{\partial x}\bigg|_{x=x^*} \tag{3.4}$$

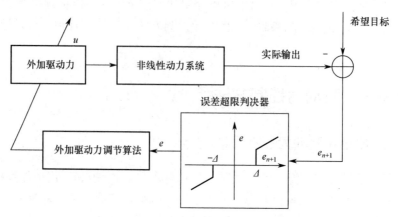

图 3.1 外加驱动力控制混沌运动原理示意图

对应某系统参数 v，若 x^* 是系统的稳定不动点，当系统受扰后，必有

$$\left|\frac{\Delta x_{n+1}}{\Delta x_n}\right| < 1 \tag{3.5}$$

随着 n 的增大，最终 Δx_{n+1} 趋于 0。反之，系统将产生分岔或混沌运动。我们希望通过外加正弦信号来抑制或消除这类异常运动。

通过调节外加驱动力 $u = B\sin(\gamma\omega\tau)$ 的可调参数 B 和 γ，使 $\left|\frac{\Delta x_{n+1}}{\Delta x_n}\right|$ 随着 n 的增加由大于或等于 1 改变为小于 1，并最终使 $|\Delta x_{n+1}| < \Delta$，$\Delta$ 为图 3.1 中误差超限判决器设定的阈值。具体实现步骤如下：

（1）选取 γ 为某个固定值，对往复碰撞振动系统可取 $\gamma = 1$，使外加信号频率等于原系统振动频率 ω。为了与图 3.1 中表示方法一致，将上述 Δx_{n+1}、Δx_n 分别用 e_{n+1}、e_n 表示。

（2）初值 $B_0 = 0$。

（3）在 $n+1$ 时刻若测得 $|x_{n+1} - x^*| = |e_{n+1}| < \Delta$，则图 3.1 中 $e = 0$，$B_{n+1} = B_0 = 0$，$u = 0$，无外加驱动力，回到步骤（3）循环；若测得 $|e_{n+1}| \geq \Delta$，则图 3.1 中 $e = e_{n+1}$，转步骤（4）。

（4）外加驱动力调节算法生效，如下式

$$\begin{aligned} B_{n+1} &= B_n + \alpha|e_{n+1}| \\ u &= B_{n+1}\sin(\gamma\omega\tau) \end{aligned} \tag{3.6}$$

其中，α 为事先确定的权重系数，其取值范围是 $0 < \alpha \leq 1$。

（5）在有外加驱动力后，如果新的 $|e_{n+1}| \geq \Delta$，则根据 $|e_{n+1}/e_n|$ 修正对 B 调节的方向。

若新的 $|e_{n+1}/e_n| > 1$，则应向相反方向调节 B，所以，令 $\alpha = -\alpha$；反之，α 不变，转回步骤（4）。

若新的 $|e_{n+1}| < \Delta$，图 3.1 中误差超限判决器输出 $e = 0$，外加驱动力系数调节终止，最终调节得到的值用 B^* 表示，则外加驱动力

$$u = B^* \sin(\gamma\omega\tau) \tag{3.7}$$

相当于给系统加了一个幅值为 B^* 的正弦周期的外加驱动力。

3.2.2 仿真实例

为了研究上述方法对含间隙碰撞振动系统混沌抑制的有效性。选择图 3.2 所示的系统模型为研究对象[40]，该模型可以作为许多含间隙碰撞振动系统的抽象，具有一定的典型性。

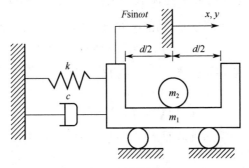

图 3.2 系统模型

系统由主质体、刚体球、线性弹簧和阻尼器组成。图 3.2 中 m_1 和 m_2 分别表示主质体和刚体球的质量，k、c 分别为弹簧刚度和阻尼系数。假设小球与主质体之间无摩擦作用，主质体槽的间隙为 d，且外加简谐激振力作用在主质体上。这样，在图 3.2 所示的模型中设主质体的绝对运动为 x，小球的绝对运动为 y，可以得到该碰撞振动系统的运动微分方程为

$$\left. \begin{array}{l} m_1\ddot{x}(t) + c\dot{x}(t) + kx(t) = F\sin(\Omega t + \alpha) \\ m_2\ddot{y}(t) = 0 \end{array} \right\} \tag{3.8}$$

并由碰撞过程中的动量定理和恢复系数的定义，可得到系统的碰撞方程为

$$\left. \begin{array}{l} \dot{x}_+ = \dot{x}_- + \mu(\dot{y}_- - \dot{y}_+) \\ \dot{x}_+ = \dot{y}_+ + R(\dot{y}_- - \dot{x}_-) \end{array} \right\} \tag{3.9}$$

式中，$\mu = \dfrac{m_2}{m_1}$，R 为恢复系数，$\dot{x}_-$、$\dot{y}_-$ 和 $\dot{x}_+$、$\dot{y}_+$ 分别表示两物体碰撞前和碰撞后的瞬时速度。

在以上两式中，令

$$x_0 = \frac{F}{k}, \quad x_1 = \frac{x}{x_0}, \quad x_2 = \frac{y}{x_0}, \quad h = \frac{c}{2\sqrt{m_1 k}}, \quad \omega_n = \sqrt{\frac{k}{m_1}}, \quad \omega = \frac{\Omega}{\omega_n}, \quad \tau = \omega_n t$$

则式（3.8）和式（3.9）可表述为以下无量纲形式：

$$\left. \begin{array}{l} \ddot{x}_1(\tau) + 2h\dot{x}_1(\tau) + x_1(\tau) = \sin(\omega\tau + \alpha) \\ \ddot{x}_2(\tau) = 0 \end{array} \right\} \tag{3.10}$$

$$\left. \begin{array}{l} \dot{x}_{1+} = \dot{x}_{1-} + \mu(\dot{x}_{2-} - \dot{x}_{2+}) \\ \dot{x}_{1+} = \dot{x}_{2+} + R(\dot{x}_{2-} - \dot{x}_{1-}) \end{array} \right\} \tag{3.11}$$

假设主质体在外加简谐激振力的作用下，使得小球与主质体发生碰撞，则根据运动学关系，碰撞应该发生在 $x_2 - x_1 = \pm d_0$ 处，其中 $d_0 = d/(2x_0)$。

关于该模型的稳定性及分岔和混沌行为的研究可参见文献[40]。

为了研究含间隙碰撞振动系统的混沌控制问题。设系统碰撞周期与外加驱动力周期相同，在稳定运行时，在一个外加驱动力周期内，产生左右各一次平衡对称碰撞，以右碰撞发生后碰撞面为庞加莱（Poincaré）截面，且周期时刻 τ 取在碰撞发生后的瞬时

$$\sigma = \{(x_1, \dot{x}_1, \dot{x}_2, \tau) \in \mathbf{R}^3 \times S, x_2 = x_1 + d_0, \tau = \tau_+\}$$

根据边界条件、式（3.10）及式（3.11）可建立庞加莱映射 $F: \sigma \to \sigma$ 为

$$X_{n+1} = F(v, X_n) \tag{3.12}$$

式中，v 是一个实参数，$v \in \mathbf{R}^1$，$X = [x_1 \ \dot{x}_1 \ \dot{x}_2 \ \tau]^T$，稳定态对应庞加莱截面上的不动点，则式（3.12）应满足

$$X^* = F(v^*, X^*) \tag{3.13}$$

式中，$X^* = [x_1^* \ \dot{x}_1^* \ \dot{x}_2^* \ \tau^*]^T$ 为庞加莱截面上的不动点坐标，v^* 为对应不动点的系统中某个可调参数值。

下面考查当参数 v 偏离 v^*，使系统产生分岔或混沌运动时，如何进行控制。

数值仿真分别选取系统参数 $v=k$ 和 $v=c$，分别考察了由于上述参数的变化导致系统由稳定运动演变为混沌运动时的混沌控制。

对图 3.2 中的系统模型，固定 $R = 0.8, d = 5, F = 7, c = 0.1, \omega = 2, \mu = 0.1$，通过计算其雅可比（Jacobi）矩阵特征值和系统仿真，知其在 $k > 5$ 时，系统是稳定的周期 1-1 平衡对称碰撞运动，因而在庞加莱截面上为不动点。$k=5$ 时，在庞加莱截面上

$$X^* = [x_1^* \ \dot{x}_1^* \ \dot{x}_2^* \ \tau^*]^T = [0.062\,141 \ -0.052\,284 \ -2.352\,763 \ 1.570\,796]^T$$

当将 k 逐渐减小，系统出现 Hopf 分岔。若继续减小 k，不变圈将开始变形，并最终发生混沌运动。$k=3.4$ 时，从不稳定不动点开始的庞加莱截面映射值轨迹图如图 3.3 所示，系统产生混沌运动。$\Delta x_1 = 0.001$，次数 $N=10000$。

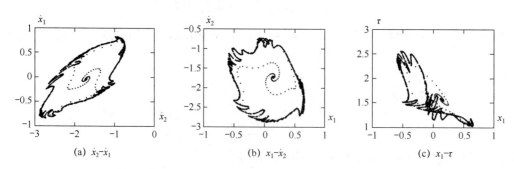

图 3.3　$k=3.4$ 时，从不稳定不动点开始的庞加莱截面映射值轨迹图

图 3.4 是在同样条件下碰撞系统在庞加莱截面上的各映射值随映射次数 N 变化的时间序列图。可以看出，由于系统处于不稳定不动点，经过约 400 次映射后，各映射值偏离不动点，趋向混沌吸引子。

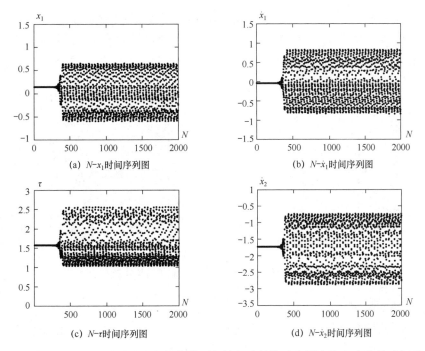

(a) N-x_1时间序列图 (b) N-$\dot{x}_1$时间序列图

(c) N-τ时间序列图 (d) N-$\dot{x}_2$时间序列图

图 3.4　在同样条件下碰撞系统在庞加莱截面上的各映射值随映射次数 N 变化的时间序列图

图 3.5 是对此混沌运动用本节所述方法进行控制的时间序列图，取 $\alpha=0.1$，$\Delta=10^{-5}$，选碰撞周期 τ 为输出。为了更清楚地显示混沌控制效果，控制在 $N=410$ 时才生效。从图 3.5（c）可看出，τ 最终可回到原 τ^*，但 x_1、$\dot{x}_1$、$\dot{x}_2$ 最终稳定在一个新的值上。图 3.6 是外加正弦驱动

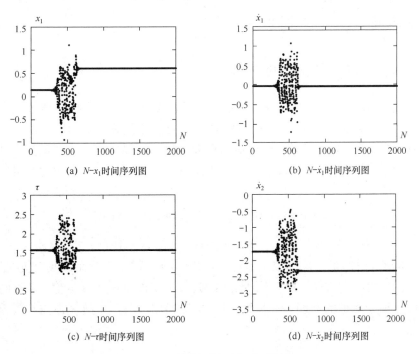

(a) N-x_1时间序列图 (b) N-$\dot{x}_1$时间序列图

(c) N-τ时间序列图 (d) N-$\dot{x}_2$时间序列图

图 3.5　控制后的时间序列图

力的幅值 B 的变化曲线。图 3.6（b）是图 3.6（a）的局部放大图。B 最终被调节到稳态值 0.5136，相当于给系统加了一个外加正弦驱动力 $u = 0.5136\sin(\omega\tau)$。对照图 3.4（无控制）和图 3.5（有控制），可知混沌得到控制。

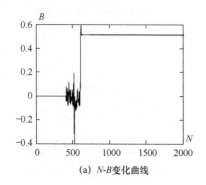 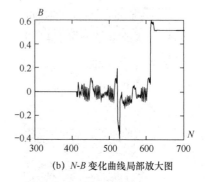

(a) N-B 变化曲线　　　　　　　　(b) N-B 变化曲线局部放大图

图 3.6　外加正弦驱动力的幅值 B 的变化曲线

由上述实例可以看到：

（1）当控制含间隙碰撞振动系统的混沌运动时，给系统施加外加正弦驱动力是一种有效的方法。

（2）本方法在实时监测条件下，依照外加正弦驱动力参数调节算法，动态加入并逐步微调外加驱动力，因而，尤其适用于不便事先设计确定外加正弦驱动力参数的情况。

（3）本方法不涉及修改原系统参数，在工程上易于实现。

3.3　时间延迟反馈控制方法[39, 40]

3.3.1　时间延迟反馈控制原理

时间延迟反馈控制方法已得到广泛应用。反馈控制的主要思想是巧妙地利用系统本身输出的信号，经过时间延迟后，再与原来输出的信号相减，作为控制信号反馈到系统中去，如图 3.7 所示。当延迟时间的选取与所要控制的不稳定周期轨道的周期相同时，通过调节反馈因子 G 及延迟信号与输出信号的差值，就可达到混沌控制的效果。控制信号可描述为

$$X(n+1) = F(X(n)) + G[X(n-p) - X(n)] \tag{3.14}$$

式中，$X \in \mathbf{R}^M$，$G = [g_1\ g_2\ \cdots\ g_i]^\mathrm{T}$，$g_1 = g_2 = \cdots = g_i$ 为反馈比例因子，$i \leqslant M$。

图 3.7 给出了时间延迟反馈控制原理。在 $G = 0$ 时，原动力学系统具有混沌运动轨道，如图 3.8 所示。$X(n)$ 和 $X(n-p)$ 分别为 n 时刻和 $n-p$ 时刻测量的 X 值。延迟时间 p 可选为某一不稳定周期轨道的周期。在反馈矩阵 G 适当取值时，系统会被控制到该周期的目标轨道上。

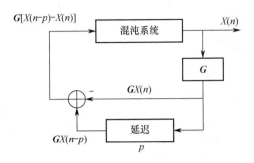

图 3.7 时间延迟反馈控制原理图

3.3.2 数值仿真

仍以图 3.2 模型为研究对象进行数值仿真。控制的目标：在系统发生混沌运动时抑制混沌，使之在庞加莱截面上表现为不动点，为此，选延迟节拍 $\tau=1$。

当系统参数 $d=5$，$F=7$，$k=6$，$R=0.8$，$\mu=0.1$，$c=0.1$ 时，随着分岔参数 ω 的改变，系统最终会失稳，产生混沌运动。

图 3.8 和图 3.9 分别是未加控制时，在 $\omega=1.8486$ 处系统状态变量在庞加莱截面上的映射投影图和映射值随时间变化的时间序列图。图 3.8 是系统从初始不动点开始，经 6000 次碰撞，最终进入混沌运动的映射投影图。图 3.9 为图 3.8 的前 2000 个时间序列值。

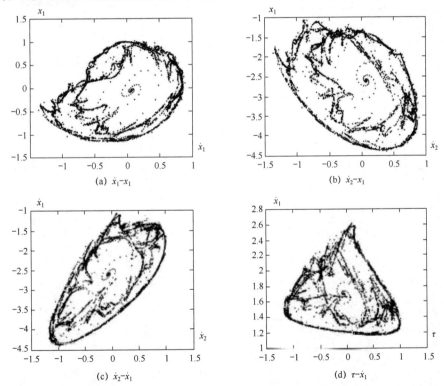

图 3.8 未加控制时，在 $\omega=1.8486$ 处系统状态变量在庞加莱截面上的映射投影图

图 3.10 是当 $\boldsymbol{G}=[g_1\ g_2\ g_3]^{\mathrm{T}}$，$g_1=g_2=g_3=0.0425$ 时，取 $\tau=1$，对上述混沌运动的控

制结果。为了清楚地观察控制效果，$N=500$ 时才加入控制。从图 3.10 可知，时间延迟反馈控制方法对上述混沌运动有很好的控制作用。

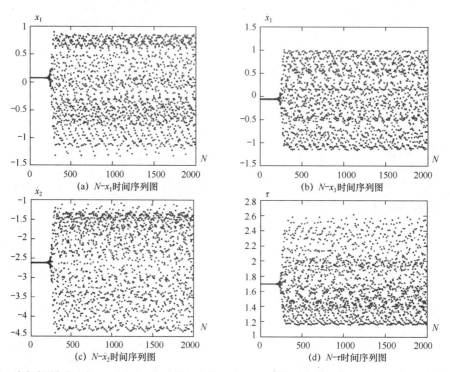

图 3.9　未加控制时，在 $\omega=1.8486$ 处系统状态变量在庞加莱截面上映射值随时间变化的时间序列图

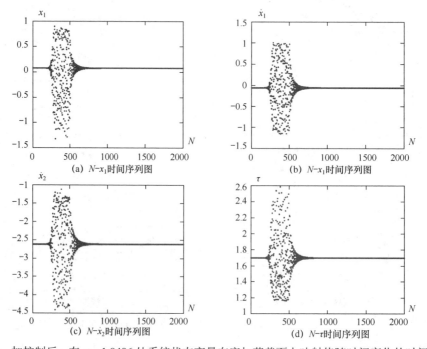

图 3.10　加控制后，在 $\omega=1.8486$ 处系统状态变量在庞加莱截面上映射值随时间变化的时间序列图

为了更全面地了解该方法控制此类系统混沌运动的效果,对反馈矩阵 $G = [g_1\ g_2\ g_3]^T$ 的取值与控制效果的关系也进行了数值仿真,如图 3.11 所示。

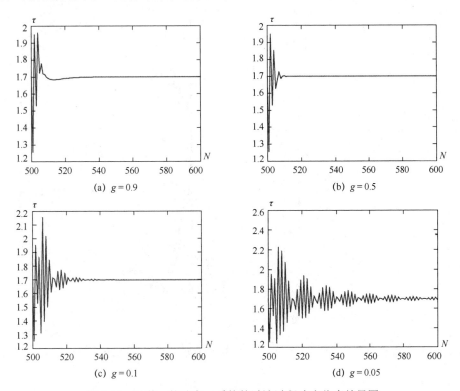

图 3.11 随着 g 的改变,系统的过渡过程响应仿真结果图

当 $G = [g_1\ g_2\ g_3]^T$,$g_1 = g_2 = g_3 = g$ 时,g 在(0,1)范围内从 0.9 开始取值,并逐步减小。在这个过程中发现系统在控制作用下的过渡过程响应会由单调收敛变为振荡收敛,g 过小会使系统趋于稳定的时间相应变长。图 3.11 是在同样条件下,随着 g 的改变,系统的过渡过程响应仿真结果(只以 τ 为例,其他变量与此类似)。

将时间延迟反馈控制方法用于一类高维分段光滑系统的混沌控制的数值仿真实验结果表明,该方法可以抑制碰撞振动系统的混沌运动。在使用时,适当选取反馈比例因子可以提高抑制混沌的速度。该方法利用系统自身信息产生控制信号时,控制效果与控制加入的时间无关。

3.4 反馈控制实验[9]

我们已经知道磁弹性片的实验装置如图 3.12 所示。其动力学方程为

$$\frac{d^2 x}{dt^2} + r\frac{dx}{dt} - x + x^3 = F\cos\omega t \quad (3.15a)$$

式中,$r\dot{x}\left(r\dfrac{dx}{dt}\right)$ 为阻尼项,$-x + x^3$ 为非线性恢复力,$F\cos\omega t$ 为驱动力。

改写为二维非自治方程组的形式为

$$\begin{cases} \dfrac{dx}{dt} = y \\ \dfrac{dy}{dt} = x - x^3 - ry + F\cos\omega t \end{cases} \quad (3.15b)$$

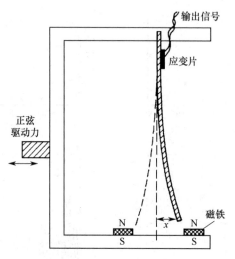

图 3.12　磁弹性片实验模型

对于杜芬方程式（3.15a 和 3.15b），当不考虑激励且假设阻尼为零时，方程变为

$$\dfrac{d^2 x}{dt^2} - x + x^3 = 0 \quad (3.16)$$

如若对式（3.16）积分，可得

$$\dfrac{1}{2}\left(\dfrac{dx}{dt}\right)^2 + \dfrac{1}{2}\left(\dfrac{1}{2}x^4 - x^2\right) = E \quad (3.17)$$

式中等式左边第一项代表系统的动能，第二项是系统的弹性势能，动能和弹性势能之和等于常数，说明机械能守恒，是一个保守系统。令

$$V = \dfrac{1}{2}\left(\dfrac{1}{2}x^4 - x^2\right) \quad (3.18)$$

此为系统的势函数，如图 3.13 所示。令 $dV/dx = 0$，求得 $x = 0$ 和 $x = \pm 1$，且当 $x = \pm 1$ 时，为两个最小势能点。同样得到势函数的三个定常状态为：（0,0），（-1, -1/4），（1, -1/4）。定常状态（0,0）是鞍点，势函数对应在相平面上的平衡点（-1,0）和（1,0）是中心点，即具有两个稳定的平衡点和一个不稳定的平衡点，称为双稳态系统。我们在第 1 章已经知道，在外加正弦驱动力的作用下，这些稳定的平衡点随着驱动力幅值和频率的变化经历倍周期分岔，进入混沌状态。

Hikihara 等人进行了磁弹性梁的反馈控制实验[9]。实验装置通过激振器产生的正弦激振力推动其运动，激振器的力幅和频率是可调的。梁振动的位移通过反射型激光位移传感器进行实时记录，当要固定周期 1 的不稳定周期轨道时，把延迟时间设置为激励的周期，而反馈信号是当前位移与一段延迟后的位移之差。这样就组成了一个反馈控制的闭环控制系统，可以由如下方程来描述：

$$\begin{cases} \dfrac{\mathrm{d}x}{\mathrm{d}t} = y \\ \dfrac{\mathrm{d}y}{\mathrm{d}t} = f(x) - ry + F\cos\omega t + u(t) \\ u(t) = k[y(t-\tau) - y(t)] \end{cases} \quad (3.19)$$

式中，x 代表梁振动的位移，y 为梁的速度，$f(x) = x - x^3$ 为弹性恢复力，$u(t)$ 为反馈控制的输入，r 为阻尼，τ 为闭环反馈的延迟时间，F 和 ω 分别为驱动力的幅值和角频率。

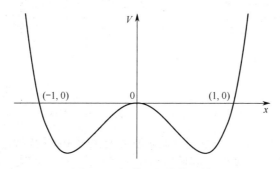

图 3.13　杜芬方程的势函数

由于阻尼 r 和非线性项 $f(x)$ 对控制方法并无影响，无须精准确定，在这里只需重点关注其余参数即可。在实验过程中，位移采样 200 次，通过让所储存的数据不断被重写来实现延迟。将当前的数据与 200 次以前所获得的数据进行比较，用得到的信号差值来调整振荡器的输出，直到所期望的数值有反馈。当外部激励信号的幅值单调增加时，与外激励频率同步的周期 1 运动在频率 16Hz 处发生倍周期分岔。一旦通过临界值，由于存在两个稳定的周期轨道和一个不稳定的周期轨道，这时原周期 1 轨道失稳，系统经由倍周期分岔进入混沌状态。实验中取反馈增益为 $k = 0.31$ 时，在反馈信号的控制下，系统的状态恢复到周期 1 的稳定轨道，从而实现了有效的反馈控制。实验表明，反馈控制简单可靠，易于调整，适合实际工程应用。

3.5　自适应控制方法[2, 40, 41]

当系统出现混沌运动时，如果能通过对系统的某些参数的自适应微调节就能达到消除混沌的目的，这无疑是一种很好的思路。因而，采用自适应控制方法控制混沌受到众多学者的关注，针对不同对象，提出了许多很好的方法[35, 36, 41]。

本节提出一种自适应参数调节方法抑制含间隙碰撞振动系统的分岔和混沌运动。本节要研究的问题是基于这样一个前提，原系统是稳定的，即在设计参数范围内，尽管系统存在间隙，引起往复碰撞振动，但振动是稳定的周期振动。当参数发生变化，导致系统的动力行为产生分岔或混沌运动时，希望通过自适应参数调节，使分岔或混沌运动得到抑制，系统回到原稳定的往复碰撞振动。所以，可以将原系统稳定状态时的输出作为自适应控制的目标态，在线实时监测系统输出，一旦系统输出偏离目标态，自适应算法立即生效，通过调节系统可调参数，使系统输出回到目标态。

自适应控制混沌系统示意图如图 3.14 所示。

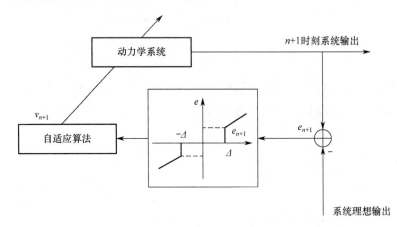

图 3.14　自适应控制混沌系统示意图

图 3.14 中系统的理想输出是系统参数未发生变化时系统稳定态的输出，该输出作为目标态被存储。当系统参数改变时，实际输出偏离目标态，当偏差 $|e_{n+1}| < \Delta$ 时，$e = 0$，自适应控制不起作用；一旦 $|e_{n+1}| \geq \Delta$，$e = e_{n+1}$，自适应算法生效，调节系统参数 v_{n+1}，直至系统输出回到目标态允许偏离的范围之内，Δ 为允许偏离的误差范围。

自适应系统动力学方程为

$$X_{n+1} = F(X_n, v_n) \tag{3.20}$$

$$v_{n+1} = v_n - \alpha G\left(e_{n+1}, \frac{\mathrm{d}e_{n+1}}{\mathrm{d}v_n}\right) \tag{3.21}$$

$$e_{n+1} = x_1 - x_1^* \tag{3.22}$$

其中式（3.20）是待控系统方程，式（3.21）是自适应算法。x_1 和 x_1^* 分别是任一时刻系统实际输出和系统稳定运行时的稳定输出（它可以在系统稳定运行时，取一段时间内的实测输出值平均后得出，也可经过适当的滤波处理后平均得到，总之在原系统处于稳定运行的前提下，它的取得并不困难），即 x_1^* 为系统理想输出。α 是可调的，其取值范围控制在 0 到 1 之间。采用直接定量分析的调节机制，自适应算法式（3.21）具体为

$$v_{n+1} = v_n - \alpha e_{n+1} \mathrm{sign}\left(\frac{\mathrm{d}e_{n+1}}{\mathrm{d}v_n}\right) \tag{3.23}$$

式中，sign 表示取 $\dfrac{\mathrm{d}e_{n+1}}{\mathrm{d}v_n}$ 的符号。

考虑到自适应算法的可递推性，$\dfrac{\mathrm{d}e_{n+1}}{\mathrm{d}v_n}$ 近似用式（3.24）代替

$$\frac{\mathrm{d}e_{n+1}}{\mathrm{d}\nu_n} \approx \frac{e_{n+1}-e_n}{\nu_n-\nu_{n-1}} \quad (3.24)$$

当 $n=0$ 时，取 $e_0=0$，$\nu_{-1}=0$，ν^* 是 $x_1=x_1^*$ 时对应的系统可调参数。

3.6 混沌同步[9, 13, 34, 42, 43]

众所周知，我们在地球上始终只能看到月球的正面，这是因为月球绕地球公转的频率与月球自转的频率相等，达到了一种自始至终"面对面"的运动，我们称其为同步运动。两只挂钟背靠背挂在同一木板墙上时，这两只挂钟的运行会严格同步。甚至把几十个节拍器放在同一个桌面上，然后拨动它们随机摆动，只需要很短的时间这些节拍器就会因为共振原理自行同步，形成完全同频率的运动，这是若干个耦合单元之间通过相互作用而达到的同步状态，如图 3.15 所示。会场上人们拍手的频率很快会趋于一致；生态学上，成千上万只萤火虫夜晚同步闪动荧光；一群大雁排成人字形飞翔，可看到它们翅膀扇动的节奏是一致的。激光器发出的激光也是利用了相位和频率同步的原理。可以认为，同步现象是普遍存在的，这是从无序走向有序的一种现象。

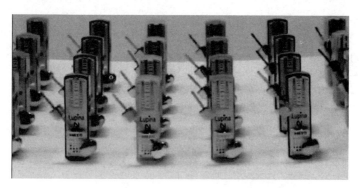

图 3.15 节拍器同步现象

1990 年，佩卡拉（L. M. Pecora）和卡罗尔（P. L. Carroll）在《物理通信》上发表的文章[34, 42]中指出，一个混沌系统的两个相同的子系统在特定的条件下可以相互同步，并在电子线路中首次观察到混沌同步现象。所以，混沌同步就是指从不同初始条件出发的两个混沌系统，随着时间的推移，它们的轨迹逐渐趋于一致，如图 3.16 所示。

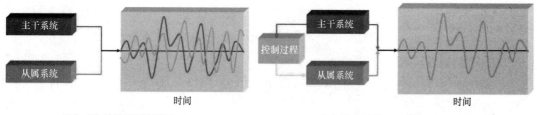

(a) 未加控制的混沌过程　　　　　　(b) 施加控制后的混沌同步

图 3.16 混沌同步现象

3.6.1 混沌同步的类型

混沌同步包括完全同步、延迟同步、相位同步、广义同步、投影同步等。

（1）完全同步（CS）

$$\lim_{t\to\infty}\|x(t)-y(t)\|=0 \qquad (3.25)$$

驱动系统：$\dot{x}=f(x)$

响应系统：$\dot{y}=g(y)$

同步（CS）形式：$x=y$

要求幅值和相角完全相等，如图 3.17 所示。

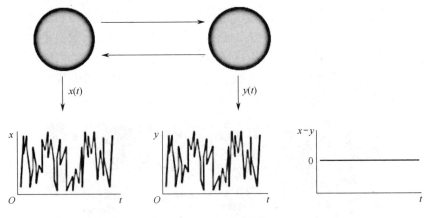

图 3.17 完全同步

（2）延迟同步（LS）

$$\lim_{t\to\infty}\|x(t)-y(t-\tau)\|=0 \qquad (3.26)$$

如图 3.18 所示。

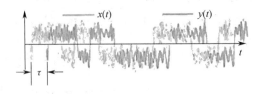

图 3.18 延迟同步

（3）相位同步（PS）

$$\|k_1\dot{\varphi}_1-k_2\dot{\varphi}_2\|=0 \qquad (3.27)$$

如图 3.19 所示。

（4）广义同步（GS）

$$\lim_{t\to\infty}\|h_1(x(t))-h_2(y(t))\|=0 \qquad (3.28)$$

驱动系统：$\dot{x} = f(x)$

响应系统：$\dot{y} = g(y)$

同步（GS）形式：$h_1(x) = h_2(y)$。

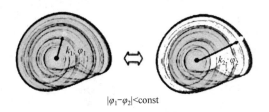

图 3.19　相位同步

3.6.2　实现混沌同步的方法

（1）驱动-响应同步法（P-C 同步法）

驱动-响应（Drive-Response）同步法是由佩卡拉和卡罗尔首先提出的，简称 P-C 方法。该方法的基本思想是把混沌系统（驱动系统）分解成两个子系统，一个是稳定的子系统（李雅普诺夫指数均为负值），另一个是不稳定的子系统。对不稳定的子系统复制一响应系统，当响应系统的条件李雅普诺夫指数均为负值时，驱动和响应系统才能同步。考虑一个 n 维的自治系统

$$\frac{\mathrm{d}u}{\mathrm{d}t} = f(u), \quad u \in \mathbf{R}^n \tag{3.29}$$

将它任意分割成两个子系统 $u = (v, w)$，并表示成如下两个自治系统

$$\frac{\mathrm{d}v}{\mathrm{d}t} = g(v, w) \tag{3.30a}$$

$$\frac{\mathrm{d}w}{\mathrm{d}t} = h(v, w) \tag{3.30b}$$

如果在式（3.30b）中再构造一个新的子系统 w'，表示成

$$\frac{\mathrm{d}w'}{\mathrm{d}t} = h(v, w') \tag{3.30c}$$

对于方程 $\dot{w} = h(v, w)$ 和 $\dot{w}' = h(v, w')$ 描述的系统，如图 3.20 所示，当 $\dot{w}(t)$ 及 $\dot{w}'(t)$ 作用相同的驱动信号 $\dot{v} = g(v, w)$，在 $t = t_0$ 时刻，虽然在一般情形下，两信号之差 $\|\Delta w(t_0)\| = \|w'(t_0) - w(t_0)\| \neq 0$（$w'(t_0)$ 是 $w(t_0)$ 的近邻）。在特定的条件下，当时间 t 很长时，则有 $\|\Delta w(t_0)\| = \|w'(t_0) - w(t_0)\| = 0$。也就是说，在驱动信号作用下，响应系统的混沌轨道从开始的不同，经过一段时间后两条轨线完全重合到一起。这个特定条件是指响应子系统 $w'(t)$ 在驱动信号 v 的控制下的李雅普诺夫指数，称为条件李雅普诺夫指数。佩卡拉和卡罗尔的研究指出[42]，实现混沌同步的充要条件是子系统 $w'(t)$ 的所有条件李雅普诺夫指数为负。

（2）主动-被动同步法

从上述看到，驱动-响应同步方法先要将系统分解为两个特定的子系统，且其中一个子系统在适当的变量驱动下，具有负的李雅普诺夫指数。但许多实际系统很难分解成满足要

求的两个子系统。鉴于这些不足，1995年考卡莱弗（L.Kocarev）和帕里兹（U.Parlitz）提出了一种改进的拆分方法[2, 43]，即主动-被动同步法，如图3.21所示。主动-被动同步法将驱动-响应同步法作为特例包含在内。该方法的优点在于能够不受任何限制地选择驱动变量，使得方案的设计十分灵活，同时具有较大普遍性和实用性。其分解方法如下。

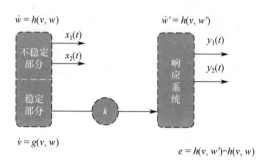

图3.20　驱动-响应同步法

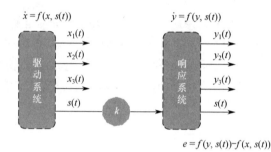

图3.21　主动-被动同步法

设一个非自治的非线性系统为

$$\dot{x} = f[x, s(t)], \quad x \in \mathbf{R}^n \tag{3.31a}$$

其中，$s(t)$为所选的驱动变量，如

$$\dot{s}(t) = h(x, s)$$

复制一个与式（3.31a）相同的系统

$$\dot{y} = f[y, s(t)] \tag{3.31b}$$

式（3.31a）和式（3.31b）受到相同的信号$s(t)$的驱动。令$e = x - y$为两个信号之差，则关于e的微分方程为

$$\dot{e} = \dot{x} - \dot{y} = f[x, s(t)] - f[y, s(t)] = f[x, s(t)] - f[x - e, s(t)] \tag{3.31c}$$

如果$e = 0$处有一个稳定的不动点，则对于式（3.31a）和式（3.31b）存在一个稳定的同步态。我们仍然可以根据在e附近运用线性稳定性的分析方法或利用分析全局渐进稳定的李雅普诺夫指数的方法，确定x和y达到稳定同步的条件。

对于驱动信号$s(t)$，当$s(t) = 0$，或者说式（3.31a）不被驱动时，它是一个趋向某一不动点的被动系统（也称为无源系统），当$s(t) \neq 0$时，它是主动驱动系统。按照这样的原则所做出的分解，称为主动-被动分解（Active-Passive Decomposition），简称APD分解法，相应的同步类型称为主动-被动（或有源-无源）同步方法。

（3）变量反馈控制的同步法[2]

反馈技术是工程上普遍应用的一种方法。变量反馈控制的同步法是由皮里格斯（Pyragas）提出的，如图 3.22 所示。

设驱动系统是

$$\dot{x} = f(x), \quad x \in \mathbf{R}^n \qquad (3.32)$$

反馈差信号是

$$s(t) = k(y - x) \qquad (3.33a)$$

这里 $x, y \in \mathbf{R}^n$，$k = \mathrm{diag}(k_1, k_2, \cdots, k_n)_{n \times n}$，$s(t)$ 是一个列向量。

响应系统为

$$\dot{y} = f(y) + s(t) \qquad (3.33b)$$

两个信号之差

$$e = y - x$$

这种同步方法的原理可以解释为：通过反馈差信号式（3.33a）的调节作用，响应系统式（3.33b）的演化轨道逐渐靠近驱动系统的目标轨道，直至达到重合。当然，式（3.33a）的调节作用，要靠适当地选择 $k_i (i = 1, 2, \cdots, n)$ 来实现。

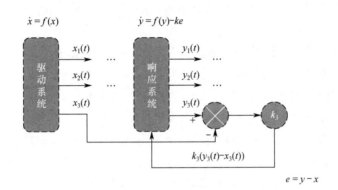

图 3.22　变量反馈控制的同步法

除了以上几种同步法，还有自适应同步法和耦合同步法等。

自适应同步法就是利用自适应控制技术来自动调整系统中的某些参数，使系统达到混沌同步的目的。

自适应同步法是在参考系统变量 x 的驱动下，对响应系统可得到的参数引入一种自适应控制机制，使响应系统从任意初值出发的轨道跟随参考轨道演化。如果成立，那么称响应系统与原参考系统实现了同步。

耦合同步法是利用一个可调电阻连接两个相同的混沌电路系统（如蔡氏电路），通过调节可调电阻的阻值，实现这两个混沌电路的同步，即为双向耦合同步。若用一个运算放大器构成的电压跟随器来替代可调电阻，就实现了单向耦合同步。通过计算机仿真和实验验证，耦合同步方法实现起来简单方便，且鲁棒性较好，其不足之处在于缺乏系统的理论依据。

第 4 章
混沌保密通信与光孤子通信

4.1 信号的载波通信方式[3]

我们日常生活和工作中的语音和视频等信号（也可称为明文信号）的传输常用信号调制的方法。所谓调制就是利用缓变的明文信号来控制或改变高频振荡的某个参数（幅值、频率或相位），使它随着缓变的明文信号做有规律的变化，以利于实现信号的放大和远距离传输。调制方式有三种：

高频振荡的幅值受明文信号控制时，称为调幅，以 AM 表示。
高频振荡的频率受明文信号控制时，称为调频，以 FM 表示。
高频振荡的相位受明文信号控制时，称为调相，以 PM 表示。

一般将控制高频振荡的缓变信号称为调制信号，如图 4.1（a）所示；载送缓变信号的高频振荡波称为载波，如图 4.1（b）所示；经过调制的高频振荡波称为已调波。已调波有调幅波、调频波和调相波三种，其中常用的是调幅波和调频波两种，如图 4.1（c）、图 4.1（d）所示。图中明文信号是梯形波，载波是余弦波。调幅波包络线的形状由明文信号控制，载波信号的频率和相位均不改变。调频波的载波信号的振幅与相位不变，而频率改变。当明文信号的幅值减小时，频率降低；幅值增大时，频率升高。所以，调频波可以看成一个频率受明文信号幅值控制的正弦波。

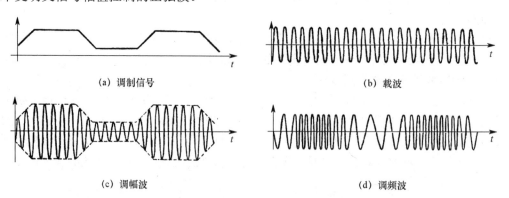

图 4.1 调制信号、载波及已调波

信号接收装置接收到调制信号后需要还原出原来的明文信号，这个过程叫作解调。所

第4章 混沌保密通信与光孤子通信

以解调就是对已调波进行鉴别，以恢复原来的信号。

调幅是将一个高频正（余）弦信号通过乘法器与明文信号相乘，使高频正（余）弦信号的幅值随明文信号的变化而变化。设 $x(t)$ 为缓变的明文信号，$y(t)=\cos 2\pi f_0 t$ 为载波信号，f_0 为载波信号频率，则已调波为上述两个信号的乘积，如图 4.1（c）所示。即

$$x_m(t) = x(t)y(t) = x(t)\cos 2\pi f_0 t \tag{4.1}$$

可见调制器就是一个乘法器。若把调幅波再次与载波信号相乘，得到

$$x_m(t)\cos 2\pi f_0 t = x(t)\cos 2\pi f_0 t \cdot \cos 2\pi f_0 t = \frac{1}{2}x(t) + \frac{1}{2}x(t)\cos 4\pi f_0 t \tag{4.2}$$

这就是解调过程。用低通滤波器将频率为 $4\pi f_0$ 的高频信号滤去，则得到 $\frac{1}{2}x(t)$，恢复出了原来的信号。相敏检波器是用于检测调幅波的[3]。

调频是用明文信号的电压幅值去控制一个振荡器，使其输出信号的幅值不变而振荡频率改变，频率的变化量与明文信号的幅值成正比。当信号电压幅值为零时，调频波的频率等于中心频率；信号电压为正值时频率升高，为负值时频率降低。所以调频波是随信号幅值而变化的频率疏密不等的等幅波，如图 4.1（d）所示。

根据不同的电压—频率转换电路（简称 VFC），调频波可以是类似正弦波形的，或者三角波形的，也可以是疏密不等的方波或脉冲波形。这种载有明文信息的高频波具有抗干扰能力强、便于远距离传输、不易错乱和失真等优点，也便于使用数字技术进行处理。

调频波的解调（称为鉴频）有多种方案。最简单的一种是将调频波放大，限幅成为方波，然后取其上升（或下降）沿转换为脉冲，脉冲的疏密就是调频波的疏密。每个脉冲触发一个定时的单稳态触发器，可以获得一系列时宽相等、疏密随调频波频率而变的单向窄矩形波。这样就得到了将频率变化向电压变化的转换 $f \propto u$，取其瞬时平均电压，就反映了原信号电压的变化。但需注意，必须从平均电压中减去与载波中心频率所对应的直流偏置电压。

实际电路中常用的鉴频器有谐振回路鉴频器、相位鉴频器、比例鉴频器、相移乘法鉴频器等。

调幅与其解调过程、调频与其解调过程如图 4.2 和图 4.3 所示。

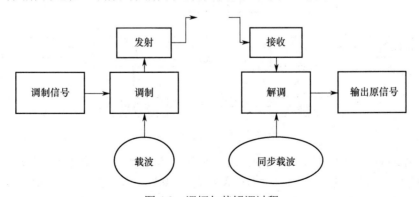

图 4.2 调幅与其解调过程

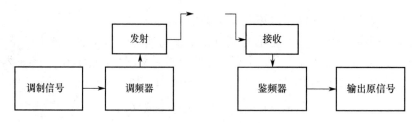

图 4.3　调频与其解调过程

4.2　信号混沌加密的通信方式[9, 45]

不管是调幅波还是调频波，载波信号都是周期信号，几乎没有保密功能，很容易被破译。这是一种普通的通信方式。

自从 1990 年佩卡拉（Pecora）等提出混沌同步的理论以来[34, 45]，混沌信号因其具有对初始条件的敏感依赖性、非周期性、内禀随机性，以及连续宽频带等特点，所以适用于保密通信、扩频通信等领域。由此引起了相关领域的极大兴趣，使得以混沌同步为基础的混沌保密通信的理论和实验得到了越来越广阔的发展。目前，混沌保密通信主要有以下几种方式。在介绍混沌保密通信之前需要先介绍一点密码学的知识。

密码学是研究通信信息安全的一门科学。它主要包括两个分支，即密码编码学和密码解码学，编码是为了加密，而解码是为了解密。没有加密的信息称为明文（Plaintext）。加密后的信息称为密文（Ciphertext）。将明文变换成密文的过程称为加密变换（Encryption），将密文恢复成明文的过程称为解密变换（Decryption）。解密变换是加密变换的逆变换。加密和解密过程通常是在一组密钥（key）的控制下进行的，密钥分别称为加密密钥和解密密钥。

香农（Shannon）以信息论为基础，从概率与统计的理论出发对密码学和通信保密问题做了科学的论述。香农提出的保密通信系统框图如图 4.4 所示。保密通信系统的设计要求是在保证发送者有效地加密信息和接收者正确地恢复信息的前提下，使非法第三者无法恢复原始信息。

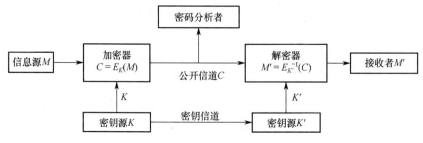

图 4.4　保密通信系统框图

在保密通信系统中[45]，信息源发出信息，称为明文。离散的明文可表示为：$M = \{m_i, i = 0, 1, \cdots, N_1 - 1\}$。密钥表示为：$K = \{k_i, i = 0, 1, \cdots, N_2 - 1\}$。明文通过加密器产生密文 $C = \{c_i, i = 0, 1, \cdots, N_3 - 1\}$，加密过程用数学函数表示为：$C = E_K(M)$，其中 C 表示密文，

M 表示明文。密文通过公开信道传输，合法接收者已知约定的密钥，通过解密器恢复明文，解密过程用数学函数表示为：

$$M' = D_K(C) = E_K^{-1}(C) = M$$

攻击者在不知道密钥的情况下，有 $M' = D_{K'}(C) \neq M$。

香农提出的保密通信系统的保密性完全依赖于密钥，发送者和接收者有完全相同的密钥，因此这种保密通信系统是对称保密通信系统。所谓对称是指加密密钥和解密密钥完全相同。

假设密钥空间大于或等于明文空间，密钥的各个分量是统计独立的，并且是等概率地选取，对不同的明文用不同的密钥进行加密。在此假设条件下，仅从密文得不到明文的任何信息，这就是所谓的"一次一密"（one-time pad）保密系统。"一次一密"保密系统在理论上被认为是不可破译的。即使密码分析者知道了和一段密文相对应的明文，他也仅仅得到了这一段的密钥，由于密钥空间大于或等于明文空间，密钥可以做到不重复使用，因此，得到的这一段密钥对其他密文并不适用。

在密码系统的实际应用中，任何一个保密系统都不具有完善的保密性。通常利用实际保密度来确定系统的安全性。我们将攻击者利用最好的攻击算法破译一个实际系统所需要的代价（时间、空间和资金等资源），与接收者正常解密操作所需要的代价的倍数定义为实际保密度。对于一个保密系统，如果破译一个信息的代价太大，破译时间超过了信息的有效期，即使破译了该信息，也没有任何利用价值，那么就可以说该系统是安全的。

自从混沌同步概念被提出来后，人们研究最多的是以混沌同步理论为基础的自同步流密码。自同步流密码的密钥流受密钥和前面固定数量的密文的影响。这是一个主动—驱动响应系统。加密端是主动系统，其密钥流由密钥和反馈的密文决定。解密端是个响应系统，密钥流由密钥和传输的密文决定。一般需要传输 n 步密文后，解密端和加密端才会达到同步（将这段时间称为同步时间），以后解密端可以正确恢复明文。自同步流密码的优点：由某种原因造成同步的短暂破坏，解密端系统在密文的驱动下，经过一段时间后，可以自动实现再次同步。自同步流密码系统具有对抗各种短暂干扰的稳定性。自同步流密码通信框图如图 4.5 所示。

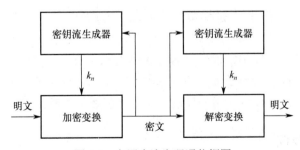

图 4.5　自同步流密码通信框图

根据明文信息和混沌信号作用方式的不同，自同步混沌保密通信系统通常又分为三种，即混沌掩盖（Chaotic Masking）、混沌键控（Chaos Shift Keying）和混沌调制（Chaos Modulation）。

4.2.1 混沌掩盖

混沌掩盖（又称混沌隐藏）是由 Kocarev、Chua 和 Oppenheim 等在 20 世纪 90 年代初期提出的一种将混沌理论应用于通信的方法[45,46]，其基本思想是：利用具有近似高斯白噪声统计特性的混沌信号作为一种载体来隐藏或掩盖所要传送的信息。加密发送端是一个自治的混沌系统，明文信息直接和混沌信号叠加形成密文。在密文的替代驱动下，解密接收端和加密发送端近似同步，在密文中去掉混沌信号，恢复出明文信息，如图 4.6 所示。混沌掩盖方式主要有相加、相乘或加乘结合等方式。

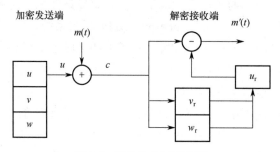

图 4.6　混沌掩盖通信系统

如以洛伦兹方程混沌通信系统为例，其发送端的混沌动力学方程为：

$$\begin{aligned}\dot{u} &= \sigma(v-u)\\ \dot{v} &= ru - v - 20uw\\ \dot{w} &= 5uv - bw\\ c(t) &= m(t) + u(t)\end{aligned} \quad (4.3)$$

接收端的动力学方程为：

$$\begin{aligned}\dot{u}_r &= \sigma(v_r - u_r)\\ \dot{v}_r &= rc(t) - v_r - 20c(t)w_r\\ \dot{w}_r &= 5c(t)v_r - bw_r\\ m'(t) &= c(t) - u_r(t)\end{aligned} \quad (4.4)$$

其中参数 σ、b 和 r 作为密钥。接收端在驱动信号 $c(t)$ 的作用下和发送端近似同步，有

$$u_r \approx u, \quad m'(t) = c(t) - u_r(t) = u(t) + m(t) - u_r(t) \approx m(t) \quad (4.5)$$

为了保证加密端和解密端同步，混沌掩盖方式要求明文信息的强度小于混沌信号。这种混沌通信方式要求混沌同步对参数失配的敏感度低，从而降低了保密度。同时，小信号又使系统抗噪声能力变差。该系统适用于仅需低保密度和弱信道噪声环境下的通信。

4.2.2 混沌键控[45]

混沌键控技术又称混沌开关技术，一般用来加密数字信号。其基本思想是：根据在不同的系统参数下具有不同的混沌吸引子来编制二进制信息代码。发送端由控制参数不同的多个混沌系统组成。不同的明文码元控制输出不同参数的混沌系统的混沌信号，输出的混

沌信号构成了密文。密文实质上是由明文控制的不同混沌系统输出的一段一段的混沌信号,如用"0"表示参数 μ_1 所对应的一个混沌吸引子 A_1,用"1"表示参数 μ_2 所对应的一个混沌吸引子 A_2,混沌系统的行为在 A_1 和 A_2 之间转换,形成数字码。解密接收端利用与发送端某一输出(0 或 1)的混沌系统同步,依据同步和不同步状态读取 0、1 码值,重构码元恢复出明文信息。混沌键控保密通信系统框图如图 4.7 所示。

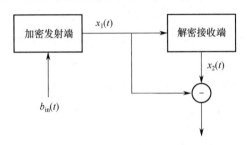

图 4.7 混沌键控保密通信系统框图

这种加密方法非常费时,加密效率低,同时保密性差,常用最弱的唯密文攻击就能被破译。

4.2.3 混沌调制[45]

混沌调制的基本思想是将一个明文信息和混沌信号混合加密变换后输入到发送端,混沌系统作为明文信息的载体而受明文信息的控制。亦即加密发送端是一个非自治的混沌系统,其行为被明文信息所调制,产生的密文是隐藏了明文信息的混沌信号。在密文的驱动下,接收端和发送端达到同步,经过加密函数的逆操作来恢复明文,图 4.8 是混沌调制保密通信系统框图。

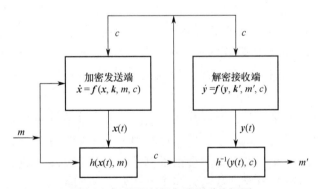

图 4.8 混沌调制保密通信系统框图

该方法的优点是,把混沌信号谱的整个范围都用来隐藏信息,增加了对参数变化的敏感性和保密性。

设加密发送端的混沌动力学方程为

$$\frac{\mathrm{d}\boldsymbol{x}}{\mathrm{d}t} = \boldsymbol{f}(\boldsymbol{x},\boldsymbol{k},m,c) \tag{4.6}$$

$$c = h(\boldsymbol{x},m) \tag{4.7}$$

其中 $x \in \mathbf{R}^n$；f 是 n 维向量场；k 是系统控制参数，也是加密密钥；m 是明文信息；h 是混沌信号和明文信息混合的加密变换；c 是隐藏了明文信息的密文。

解密接收端的动力学方程为：

$$\frac{\mathrm{d}y}{\mathrm{d}t} = f(y, k', m', c) \tag{4.8}$$

$$m' = h^{-1}(y, c) \tag{4.9}$$

其中 $y \in \mathbf{R}^n$；k' 是解密密钥；c 是通过公共信道传递过来的密文，同时也是接收端的驱动信号；h^{-1} 是 h 的逆函数；m' 是恢复的明文信息。在驱动信号 c 的作用下，当且仅当接收端的密钥和发送端的密钥相同时，$k' = k$，接收端和发送端同步，即 $y = x$，一定有

$$m' = h^{-1}(y, c) = h^{-1}(x, c) = m \tag{4.10}$$

接收端便正确地恢复了明文。

与混沌掩盖和混沌键控方法相比，混沌调制保密通信有明显的优点。首先，在混沌调制中，由于加解密操作由相同的密文驱动相同的动力学，加密和解密系统可以达到精确的混沌同步。这种方法可以使用大信号，有较强的抗信道噪声能力，这是混沌掩盖方法不能比的。其次，它与混沌键控方法相比，加解密效率大为提高。这种方法可以有效地抵抗唯密文攻击。然而，该方法在安全性上仍然有其弱点，它不能抵抗较强的已知明文攻击。

除以上几种混沌保密通信外，还有若干其他利用混沌特性进行保密通信的方式，如利用混沌吸引子的不稳定周期轨道的保密通信。因为一个混沌吸引子由无穷多个不稳定的周期轨道所组成，所以对不稳定周期轨道的幅度或相位进行调制，可实现对信息的保密传输。据此，在一个混沌时间序列的每一个不稳定周期轨道中，通过调制不同的信息流，就可以用单一的混沌时间序列来传输多路信息[47]。再如，用于跳频多址通信的混沌跳频码[49]。跳频通信通过不断改变载波频率来实现频谱的扩展。跳频信号的载波频率受伪随机序列的控制，在远大于信号原始带宽的频带内随机跳变。它不仅具有抗干扰、抗截获、易于隐蔽的特点，而且具有跳频多址和频带共享的组网能力。因为混沌的内禀随机性和宽带频谱特性，利用混沌映射产生近似随机的混沌时间序列是可以实现保密性很强的混沌跳频扩频的多址通信的。

凡事都有两面性，混沌保密通信有其有利的一面，也存在问题。人们知道无论采用什么办法，低维混沌系统（如一维逻辑斯谛映射）是不能产生很高的保密性的，因为通过计算机计算实现低维混沌时，必然会由于离散化导致较短的周期；同时利用从低维混沌的输出来重构原混沌动力学，从而发现主密钥都是不困难的。利用高维混沌以至时空混沌能克服上述困难，但高维混沌的计算量很大，必然会大大降低加密系统的运行效率。另外，加密系统理论上要求是随机序列，或者在计算机上是周期很长的伪随机序列，能够实现自始至终的不可预测性和保密性。而混沌轨道则是长期不可预测而短期具有可预测性的，达不到伪随机序列的要求。当然在一些对加密系统的保密性和加密速度要求不高而需要模拟信号而不是数字信号的实际问题中，上述的混沌加密系统仍然是有其用武之地的。为了解决上述问题，如基于单向耦合映像的时空混沌加密系统等新的研究成果

不断涌现出来。随着理论和实验的进一步深入，相信基于混沌理论的保密通信一定会有更好的明天。

综上所述，混沌保密通信方式多种多样，但其基本思路是相同的，即把被传输的信息源加在某一由混沌系统产生的混沌信号上，生成混合类噪声信号，实现对信息源的加密，该混合信号发送到接收器上后，再由一个相应的混沌系统分离出其中的混沌信号，即完成解密，进而恢复原来输送的信息源。

4.2.4 混沌加密的一般步骤[45]

目前，关于混沌加密的一般步骤有以下几点。

（1）选择一个混沌映射，要求该映射具有良好的混迭特性，较大的参数空间，以及稳定的结构。

① 混沌映射的李雅普诺夫指数尽可能的大。李雅普诺夫指数是描述一个动态系统对初始条件敏感性强弱的指标，该指数越大，映射对初始条件就越敏感，也就越适宜于加密系统。

② 混沌映射应具有均匀的概率分布。如果混沌映射的轨迹分布具有均匀性，则可以保证明文经过一定次数的迭代之后，获得分布均匀的密文。

③ 混沌映射的控制参数要多，且参数空间要大。对于混沌密码系统，参数往往用作密钥，因此控制参数越多，密钥就越多，参数空间大才能保证密钥空间大，这样系统的保密性能才能更好。

④ 应为可逆的一对一映射。因为在密码设计中，通常采用置乱和替换的方法，一一映射就可以保证置乱变换是一一对应的。

（2）引入加密参数，也就是选择哪些参数作为密钥，确定参数范围并选取合适的参数来保证映射是混沌的。

（3）离散化混沌映射，就是将原始的连续映射离散化，这个过程必须保证数字混沌映射保持原混沌映射的混迭特性。

（4）密钥的分配，就是合理地将混沌映射的控制参数与密钥对应起来，以保证足够大的密钥空间。

（5）密码分析，一般是利用尽可能多的密码攻击方法对系统的安全性进行测试。混沌信号是具有类似白噪声统计特性的宽带信号，使得它比较难以被截获和重构。

4.3 孤立波及光孤子通信

4.3.1 一个奇特的水波

1834年，英国科学家罗素（J. Scott Russell）偶然观测到一种奇特的水波。1844年，他在报告中描述了这一现象："我看到两匹马拉着一条船沿着运河前进，当船突然停止时，随船一起运动的船头处的水堆并没有停止下来。它激烈地在船头翻动起来,随即突然离开船头,并以巨大的速度向前推进,这个水堆的轮廓清晰而又光滑,犹如一个大鼓包,沿着运河一直向前推进,且在行进过程中其形状与速度没有明显变化。我骑着马跟踪注视,发现它保持着起始时约 30 英尺长、1~1.5 英尺高的浪头,以每小时 8~9 英里的速度前进,最后在运河的拐弯处消失了。"后来罗素又用水槽进行了实验,证实了他上述的观察结果。罗素称之为孤立波(Solitary wave)。他得到的实验结论为:水波移动速度 v,水的深度 d 及水波幅度 A 之间的关系为 $v^2 = B(d + A)$,B 为比例常数。实验结果说明水波的运动速度与波幅高度有关,波幅高的速度快,而且波幅的宽度与高度之比也相对较窄。

河流中的孤立波与计算机模拟的孤立波分别如图 4.9(a)和图 4.9(b)所示。

(a) 河流中的孤立波

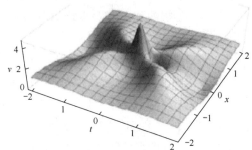

(b) 计算机模拟的孤立波

图 4.9 孤立波

4.3.2 色散效应与 KdV 方程[2, 45, 49]

1895 年,两位荷兰数学家科特维格(Diederik Korteweg)和德弗雷斯(Gustav de Vries)提出了著名的 KdV 方程,用以描述罗素观察到的孤立波现象。他们认为罗素观察到的孤立波是波动过程中非线性效应与色散现象互相平衡的结果。那么,什么是色散现象呢?以大家熟悉的光波为例,白光通过三棱镜分解形成彩色光谱的现象就是色散。光波的颜色与其频率相对应,单一频率成分的光波称为单色光。由两种或两种以上不同频率组成的光波称为复色光。白光就是复色光。色散就是复色光分解为频率不同的单色光而形成的光谱现象。

调幅波就是由两种不同频率的单色波叠加而成的波形。调幅波包络线形成的波包整体前进的速度,称为群速度。载波(单色波)相位移动的速度,称为相速度。在线性状态下,由于色散效应,波包中不同频率的单色波成分传播速度不相等,从而使得波包出现扩散,即在线性介质中,波包是不稳定的。

上述两位科学家建立的 KdV 方程如下:

$$\frac{\partial u}{\partial t} - 6u \frac{\partial u}{\partial x} + \frac{\partial^3 u}{\partial x^3} = 0 \quad (4.11)$$

简写为

$$u_t - 6uu_x + u_{xxx} = 0 \quad (4.12)$$

设其解的形式为

$$u(x,t) = f(z) = f(x - vt) \quad (4.13)$$

代入式（4.12），经求解整理，最后得到式（4.12）的解为

$$f(z) = -\frac{v}{2}\mathrm{sec}\, h^2\left[\frac{\sqrt{v}}{2}(z - z_0)\right] \quad (4.14)$$

式中双曲线正割的定义为

$$\mathrm{sec}\, hx = \frac{1}{\cosh x} = \frac{2}{\mathrm{e}^x + \mathrm{e}^{-x}} \quad (4.15)$$

式（4.14）是具有波包（或称波堆，Wave Packet）形式的孤立波，类似钟形的孤立波如图4.10所示。

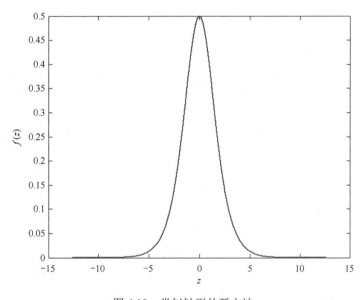

图4.10 类似钟形的孤立波

KdV方程由线性项和非线性项两部分组成，一是线性项 $u_t + u_{xxx} = 0$，它引起色散，使波散开；二是非线性项 $u_t - 6uu_x = 0$，它让波变得"尖锐"，并使得波受到挤压。下面分别讨论。

先考察线性部分，方程变为

$$u_t + u_{xxx} = 0 \quad (4.16)$$

设解

$$u(x,t) = A\sin(kx - \omega t) = A\mathrm{e}^{\mathrm{i}(kx - \omega t)} \quad (4.17)$$

解得 $\omega(k) = \left|-k^3\right|$，其中 k 是波数。相速度等于

$$c = \frac{\omega(k)}{k} = k^2 \quad (4.18)$$

说明波数越大，相速越快。所以波在行进过程中将会散开，这种作用称为色散。再考察非线性部分

$$u_t - 6uu_x = 0 \tag{4.19}$$

该方程的行波解也具有如下形式

$$u(x,t) = f(x - vt) \tag{4.20}$$

得到波包速度 $v \propto 6u$，表示波包不同部分行进速度不等，高度越高处速度越快，从而随着时间变化，波包要受到挤压。

由此可见，KdV 方程的孤立波解式（4.14）同时受到两种相反的作用，线性项的色散效应使波包趋向扩散，非线性项的作用却使波包受到挤压。因此，色散效应将对非线性起到平衡作用，最后使得孤立波形状保持稳定前进，如图 4.11 所示。

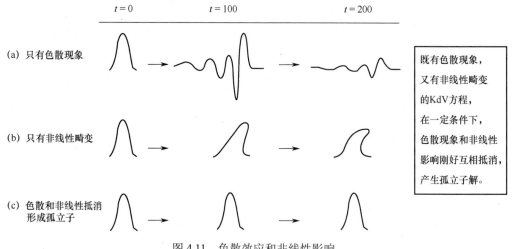

图 4.11 色散效应和非线性影响

由于波包形态稳定，能量不会弥散，很像一个质点，因此也称为孤子。1965 年，克鲁斯卡尔（M. D. Kruskal）和扎布斯基（N. J. Zabusky）用数值模拟的方法计算发现并证明了两个孤立波在空间传播过程中发生碰撞时，仍然各自保持稳定的波形一起前进。在传播过程中，如果第一个孤子的波速大于第二个孤子，开始时第一个孤子在第二个孤子之后，不久第一个孤子可赶上第二个孤子，两个孤子像没有发生碰撞一样，仍然各自保持原来的形状继续前进，然后第一个孤子超越第二个孤子走到了前面。这种孤子不受碰撞影响，保持波形稳定是孤子的重要特征之一，如图 4.12（a）所示。

图 4.12（b）表示两个 KdV 孤立波的碰撞。从图中可以看到三个特点：孤立波在碰撞前后保持高度不变，像是互不干涉地穿过对方；碰撞时两个孤立波重叠在一起，其高度低于碰撞前孤立波中高度较高的一个（这表明在非线性过程中，不存在线性叠加原理）；碰撞后孤立波的轨道与碰撞前的相比有些偏离（发生了相移）。

孤立波理论为光孤子通信创造了条件，以孤子理论为基础的光孤子通信是光纤数字通信的基础，存在着广阔的发展空间。

第 4 章 混沌保密通信与光孤子通信

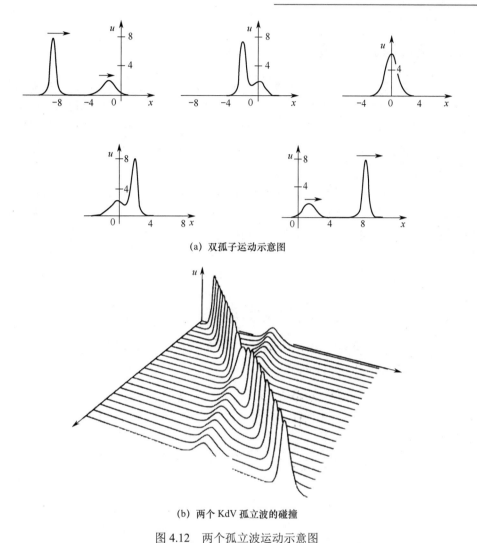

(a) 双孤子运动示意图

(b) 两个 KdV 孤立波的碰撞

图 4.12 两个孤立波运动示意图

4.4 光孤子通信[2, 46]

一束复色光（或一个经过调制的波形）可以看成两个或两个以上不同频率谐波的合成。如果所有谐波都以同一速度行进，是非色散波。非色散波的群速和相速是相同的。如果每个谐波都有不同的行进速度，则是色散波。色散波在传播的过程中会因弥散而消失，如图 4.11（a）所示。

光孤子（Optical Soliton）又称光孤立波（Optical Solitary Wave），是经光纤长距离传输之后，其幅度和波形宽度都不变的超短光脉冲，或者说是一种在传播过程中形状、幅度和速度都维持不变的脉冲状行波。当它与同类的孤立波相遇后，与前述孤立波一样，仍然能够保持其幅度、形状和速度都不变。然而光孤立波在长距离的传输中，总是会存在一定的能量损失，如何随时补充损失的能量，这是必须解决的技术问题，由此发展出了全光型孤立子通信技术。

4.4.1 全光型孤立子通信[47-50]

目前利用光纤通信技术，通信容量大大增加，费用大幅度下降，这是前所未有的。但是在目前的线性光纤通信中，限制传输距离和传输容量的主要因素是能量损耗和色散效应。能量损耗使得光信号在传输中能量不断减弱，需要设置许多中继站来补充能量。而色散效应则会在光纤通信中不可避免地造成光脉冲在传输中的展宽、脉冲高度变矮和变形，从而导致波形失真。

1973 年，Hasegawa 和 Tappert 两人利用非线性薛定谔方程首次导出在光纤的反常色散区能够形成光学孤立子这一结果，建立了光学孤立波通信的理论基础。由于光孤子在传播中能够保持稳定不变的能量与波形，使得孤立子通信具有广阔的发展前景。

孤立子在传播中总是会存在一定的能量损耗。1982 年，Y. Kodama 等提出拉曼泵浦技术来实现孤立子的能量补充，并把这种技术称为全光型孤立子通信。

4.4.2 非线性薛定谔光学孤立波方程

在以群速度 v_g 表示的动坐标系中，以 ψ 表示光场，非线性薛定谔方程（NLSE）可写为

$$\mathrm{i}\frac{\partial \psi}{\partial t} + \beta \frac{\partial^2 \psi}{\partial x^2} - \alpha |\psi|^2 \psi = 0 \tag{4.21}$$

设解的形式为

$$\psi = u(x - v_0 t)\mathrm{e}^{\mathrm{i}(kx-\omega t)} = u(\xi) A \mathrm{e}^{\mathrm{i}(kx-\omega t)} \tag{4.22}$$

代入式（4.21）得到

$$\beta \frac{\partial^2 u}{\partial \xi^2} + \mathrm{i}(2k\beta - v_0)\frac{\partial u}{\partial \xi} + (\omega - k^2 \beta)u - \alpha u^3 = 0，解得$$

$$u(\xi) = \pm\sqrt{\frac{\alpha}{2\gamma}} \operatorname{sec} h\sqrt{\frac{\gamma}{\beta}} \xi \tag{4.23}$$

式中 $\gamma = \omega - k^2\beta = \omega - v_0^2/4\beta$，$\beta$ 表示线性色散系数，α 表示非线性色散系数。

NLSE 的解是受孤立波脉冲 $u(\xi)$ 调制的，即包络线为孤立波的光脉冲波，如图 4.13 所示。

目前产生光学孤立子有两种方法：

（1）将锁模激光器产生的超短激光脉冲输入光纤，在光纤中，受激拉曼散射形成光学孤立子。

（2）光纤直接接入激光器反馈回路，是激光器的一部分，称孤子激光器。

和一般的通信系统类似，光孤子传输系统由光孤子源、外调制器、传输媒介和光放大器、光检测器、解调器等构成。图 4.14 为光孤子通信系统组成框图。

孤子激光器产生的是光孤子脉冲。光孤子通信系统中所用的光孤子源一般并非严格意义上的孤子激光器，只是一种类似孤子的超短光脉冲源，产生满足基本光孤子能量、频谱

等要求的超短光脉冲,这种超短光脉冲在光纤传输时自动压缩、整形而形成光孤子。可见,光孤子的形成机理是光纤中群速度色散(GVD)和自相位调制(SPM)效应在反常色散区的精确平衡。

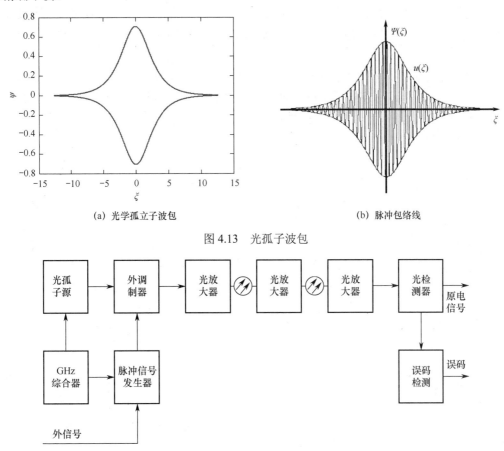

(a) 光学孤立子波包　　　　　　　(b) 脉冲包络线

图 4.13　光孤子波包

图 4.14　光孤子通信系统组成框图

而且光孤子也很容易实现波分复用(利用不同波长的光孤子在同一光纤中传输)和偏振复用(利用不同偏振方向的光孤子在同一光纤中传输),进一步提高了传输容量。

光孤子通信是一种全光非线性通信方案,其基本原理是:光纤折射率的非线性(自相位调制)效应导致对光脉冲的压缩可以与群速色散引起的光脉冲展宽相平衡,在一定条件(光纤的反常色散区及脉冲光功率密度足够大)下,光孤子能够长距离不变形地在光纤中传输。它完全摆脱了光纤色散对传输速率和通信容量的限制,其传输容量比原来最好的通信系统高出 1～2 个数量级,中继距离可达几百千米。它被认为是下一代最有发展前途的传输方式之一。由此需要涉及的关键技术主要有以下几种。

光孤子源技术:光孤子源是实现超高速光孤子通信的关键。根据理论分析,只有当输出的光脉冲为严格的双曲正割形,且振幅满足一定条件时,光孤子才能在光纤中稳定地传输。研究和开发的光孤子源种类繁多,有拉曼孤子激光器、参量孤子激光器、掺铒光纤孤子激光器、增益开关半导体孤子激光器和锁模半导体孤子激光器等。

光孤子放大技术：全光孤子放大器对光信号可以直接放大，避免了传统光通信系统中光/电、电/光的转换。它既可作为光的前置放大器，又可作为全光中继器，是光孤子通信系统极为重要的器件。光放大被认为是全光型孤立子通信的核心问题。

光孤子开关技术：在设计全光开关时，采用光孤子脉冲作为输入信号可使整个设计达到优化，光孤子开关的最大特点是开关速度快，开关过程中光孤子的形状不发生改变，选择性能好。

光孤子通信克服了光纤色散的制约，极大地提高了传输容量，使光纤通信的潜力得以充分发挥。尤其是当速率超过 10Gbit/s 时，光孤子传输系统将显示出明显的优势。光孤子通信极有可能作为新一代光纤通信方式在跨洋通信和洲际陆地通信等超长距离、超大容量系统中得到应用。

第 5 章

元胞自动机[51-59]

5.1 元胞自动机的起源与发展

20 世纪 50 年代,"计算机之父"冯·诺依曼(von Neumann)提出了一个没有固定数学公式的模型,即元胞自动机(Cellular Automate,CA),为人们给出了最简单和最标准的案例。冯·诺依曼参照生物现象的自繁殖原理,将这个模型发展为一个网格状的自动机网格,每个网格为一个单元自动机,单元网格有"生"和"死",相当于人体组织的存活和消亡,清楚地说明了复杂性行为是怎样从元素的简单性中产生和发展起来的。也有人将其译为细胞自动机、点格自动机、分子自动机或单元自动机等,简称 CA。

20 世纪 70 年代,康威(Conway)编制的"生命游戏"是著名的元胞自动机模型,它显示了元胞自动机用于模拟复杂性系统的无穷潜力,引起了物理、数学、生物、计算机、地理等领域研究者的极大兴趣,"生命游戏"被认为是元胞自动机研究的真正开始。20 世纪 90 年代元胞自动机在各个领域得到了广泛的应用,主要应用表现在计算机图形学、生物学、热扩散、并行计算,以及复杂的社会经济现象,如城市发展模拟与预测等不同领域。

5.2 元胞自动机的基本概念和定义

元胞自动机在时间、空间、状态上都是离散的,空间上的相互作用和时间上的因果关系都是局部的网格动力学模型。元胞自动机的模型不同于一般的动力学模型,没有明确的数学方程形式,而是包含了一系列模型构造的规则,凡是满足这些规则的模型都可以被认为是元胞自动机模型。因此确切地说,元胞自动机是一类模型的总体,或者说是一个方法框架。其特点是在时间、空间、状态上都离散,每个变量只取有限多个状态,且其状态改变的规则在时间和空间上都是局部的。

元胞自动机就像图 5.1 中所示的灯泡阵列[51],每个灯有"开"和"关"两种状态,每个灯与周围的 8 个灯相连。而且认为边上的灯会与另一边的相连,比如最左边的灯会与最右边的灯相连,最下面的灯与最上面的灯相连,灯泡阵列的四边是回绕相连的。可以想象左右上下都能合到一起,形成一个面包圈形状,这样每个灯都有 8 个邻居。初始阶段,部分灯开、部分灯关。元胞自动机像 CPU 一样一步一步地进行计算。每个元胞自动机都有一个规则,来说明每个灯怎么根据之前周围 8 个灯及自己的状态决定自己下一步的状态。比如一种规则可以是这样:"如果邻域内的灯泡(包括自己)点亮超过一半,就点亮(如果本来就是亮的则不变),否则就熄灭(如果本来就是灭的,则不变)。"也就是说,邻域中 9 个灯泡,如果有 5 个或 5 个以上是亮的,中间的灯泡下一步就是亮的。这种是"采用邻域占多数的状态"规则。如果灯泡初始设定的开关状态如图 5.2(a)所示,那么变化一次之后的状态就是如图 5.2(b)所示的状态。我们也可以使用另外的规则,如"邻域中点亮的灯泡不少于 2 个,不多于 7 个,就点亮,否则就熄灭",这样灯泡阵列就会出现不一样的变化。这种计算模型可以有很多变化规则,是冯·诺依曼提出的,称为冯·诺依曼结构。

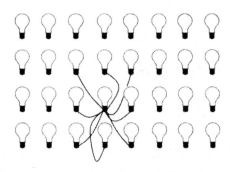

图 5.1　灯泡阵列

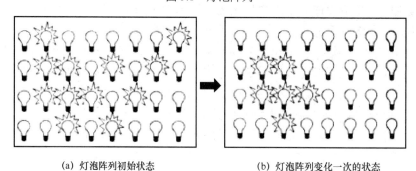

(a) 灯泡阵列初始状态　　　　　　　(b) 灯泡阵列变化一次的状态

图 5.2　元胞自动机

根据前人研究的经验,通常意义上把元胞自动机分为数学上和物理学上两种定义方式。
(1) 数学定义

假设元胞自动机的空间维数是 d, S_z^t 是 t 时刻在整数集 **Z** 上元胞状态的所有有限集。当 $d=1$ 时,即为一维元胞自动机时,CA 的动态演化过程即为从 t 时刻开始的元胞状态依照演化规则 F 在 $t+1$ 时刻更新成了新的元胞状态,见式(5.1)。

$$F: S_z^t \to S_z^{t+1} \tag{5.1}$$

CA 的动态演化从本质上来说取决于局部规则本身,这种局部规则函数的输入与输出集是有限的状态集合体。在一维 CA 中,假设元胞的邻居半径 $r=1$,状态个数 $k=2$,即状态集只有 2 个元素 $\{0,1\}$,它的局部规则为 F,在 t 时刻时元胞 i 状态为 S_i^t,则局部规则 F 见式(5.2)。

$$F(S_i^{t+1}) = f(S_{i-r}^t, S_i^t, S_{i+r}^t) = f(S_{i-1}^t, S_i^t, S_{i+1}^t) \tag{5.2}$$

式(5.2)表示一维二值三邻居元胞自动机的演化公式,即每一个元胞在下一时刻的状态是由当前时刻的这个元胞和与它邻近的 $r=1$ 的 2 个元胞的状态所决定的。

(2）物理学定义

元胞自动机实质上是一个元胞空间，这个空间被一些很有规则的网格分割成一系列的元胞，每一个被分割出来的单个元胞的状态属性都是有限而离散的，而每一个被分割出来的元胞的演化规则也都是局部的，依照这些局部的规则，元胞都会在离散的时间维度上实时更新自身的状态属性，经过这一系列复杂的实时动态演化过程，元胞自动机形成一套完整的动力循环系统。和一般意义上的动力模型不一样，CA 将物理方程替换成为演化规则。

5.3 元胞自动机的构成及演化规则

元胞自动机由元胞（格子）、元胞空间（网格）、邻居（邻近元胞 r）、元胞演化规则（状态变量函数）和元胞状态（$S_1, S_2, \cdots, S_k$，有限个）基本单元组成，如图 5.3 所示。简单讲，元胞自动机可以视为由一个元胞空间和定义于该空间的演化规则（变换函数）所组成。

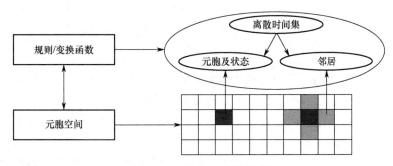

图 5.3 元胞自动机的构成

可见，元胞自动机是一个由大量的简单元素、简单连接、简单规则、有限状态和局域作用所组成的信息处理系统。但是，它可以模拟世界上绝大多数的复杂现象，所以它在理论和实践上的潜力都是巨大的。

5.3.1 元胞

元胞又可称为细胞、单元或基元，是元胞自动机最基本的组成部分。元胞分布在离散的一维、二维或多维欧几里得空间的网格上。元胞的状态可以是 $\{0,1\}$ 的二进制形式，也可以是 $\{S_1, S_2, \cdots, S_i, \cdots, S_k\}$ 整数形式的离散集。严格意义上讲，元胞自动机的元胞只能有一个状态变量。但在实际应用中，往往将其进行扩展，使每个元胞可以拥有多个状态变量。

5.3.2 元胞空间

元胞空间是指元胞所分布在空间上的网格的集合。

（1）元胞空间的几何划分

理论上，元胞空间可以是任意维数的欧几里得空间上的规则划分。目前的研究多集中在一维和二维元胞自动机上。对于一维元胞自动机，元胞空间的划分只有一种，如图 5.4（a）所示。而高维的元胞自动机，元胞空间的划分则可能有多种形式。对于常见的二维元胞自动机，元胞空间通常可按三角形、四边形或六边形三种网格形式来排列，如图 5.4（b）、图 5.4（c）、图 5.4（d）所示。

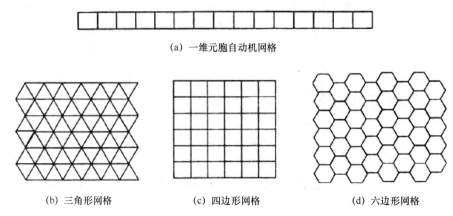

图 5.4　一维和二维元胞自动机的元胞空间划分方式

这三种规则的元胞空间划分方式各有优缺点。

三角形网格的优点是，拥有相对较少的相邻元胞的数目，这在某些场合很有用；其缺点是，计算机的表达与显示不方便，需要转换为四边形网格。

四边形网格的优点是，直观且简单，而且特别适合在现有计算机环境下进行表达及显示；其缺点是，不能较好地模拟各向同性的现象。

六边形网格的优点是，能较好地模拟各向同性的现象，因此模型能更加自然而真实地模拟各种现象；其缺点同三角形网格一样，在计算机上表达与显示较为困难、复杂。

（2）边界条件

理论上，元胞空间可以在各个维度向上无限延展，这有利于在理论上的推理和研究。但是在实际应用过程中，我们无法在计算机上实现这一理想条件，因为不可能处理无限的网格。元胞空间必须是有限的、有边界的。归纳起来，边界条件主要有三种类型：周期型、反射型和定值型。在应用中，有时为更加客观、自然地模拟实际现象，还有可能采用随机型，即在边界实时产生随机值。

周期型（periodic boundary）：相对边界连接起来的元胞空间。对于一维空间，元胞空间表现为一个首尾相接的"圈"。对于二维空间，上下相接，左右相接，从而形成一个拓扑圆环面（Torus），形似车胎或甜点圈。周期型空间与无限空间最为接近，因而在理论探讨时，常以此类空间作为试验，进行相关的理论分析和模拟。

反射型（reflective boundary）：边界外邻居的元胞状态是以边界为轴的镜面反射。例如，在一维空间中，当邻居半径 $r=1$ 时的边界情形如图 5.5 所示。

图 5.5　反射型边界

定值型（constant boundary）：所有边界外元胞均取某一固定常量，如0、1等。

需要指出的是，这三种边界类型在实际应用中，尤其是二维或更高维数的建模，它们可以相互结合，如在二维空间中，上下边界采用反射型，左右边界可采用周期型（相对边界中，不能单一方采用周期型）。

（3）构形

在元胞和元胞空间概念的基础上，引入了另一个非常重要的概念，构形（configuration）。构形是在某个时刻，元胞空间上所有元胞状态的空间分布组合。在数学上，它可以表示为一个多维的整数矩阵 $\mathbf{Z}^d$。这里 d 代表元胞空间的维数，$\mathbf{Z}$ 是一个整数集。也就是说，所有元胞位于 d 维空间上，其位置可以用一个 d 维的整数矩阵来表示。

5.3.3 邻居

以上的元胞及元胞空间只表示了系统的静态成分，为了将"动态"引入系统，必须加入演化规则。在元胞自动机中，这些规则是定义在空间局部范围内的，即一个元胞在下一时刻的状态取决于其本身的状态和邻居元胞的状态。某一元胞状态更新所要搜索的空间域叫作该元胞的邻居。因而，在确定规则之前，必须定义邻居的大小，明确哪些元胞属于该元胞的邻居。在一维元胞自动机中，通常以半径 r 来确定邻居，距离一个元胞半径内的所有元胞，均被认为是该元胞的邻居（左邻右舍两个邻居）。二维元胞自动机的邻居定义较为复杂，但通常有以下几种形式（以我们最常用的规则四边形网格划分为例），见图5.6，黑色元胞为中心元胞，灰色元胞为其邻居，与它们的状态一起来计算中心元胞在下一时刻的状态。

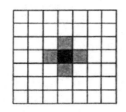
(a) 冯·诺依曼型
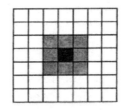
(b) 摩尔型
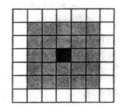
(c) 扩展的摩尔型

图5.6 元胞自动机的邻居模型

（1）冯·诺依曼（von Neumann）型

一个元胞的上、下、左、右相邻四个元胞为该元胞的邻居。这里，邻居半径 r 为1，相当于图像处理中的四邻域、四个方向，见图5.6（a）。其邻居定义如下：

$$N_{\text{Neumann}} = \left\{ v_i = (v_{ix}, v_{iy}) \big| |v_{ix} - v_{ox}| + |v_{iy} - v_{oy}| \leq 1, (v_{ix}, v_{iy}) \in \mathbf{Z}^2 \right\} \tag{5.3}$$

式中，v_{ix}, v_{iy} 表示邻居元胞的行列坐标值，v_{ox}, v_{oy} 表示中心元胞的行列坐标值。此时，对于四边形网格，在维数为 d 时，一个元胞的邻居个数为 2^d。

（2）摩尔（Moore）型

一个元胞的上、下、左、右、左上、右上、左下、右下相邻八个元胞为该元胞的邻居。邻居半径 r 同样为 1，相当于图像处理中的八邻域、八方向，见图 5.6（b）。其邻居定义如下：

$$N_{\text{Moore}} = \{v_i = (v_{ix}, v_{iy}) \| |v_{ix} - v_{ox}| \leq 1, |v_{iy} - v_{oy}| \leq 1, (v_{ix}, v_{iy}) \in \mathbf{Z}^2\} \tag{5.4}$$

式中，$v_{ix}, v_{iy}, v_{ox}, v_{oy}$ 意义同前。此时，对于四边形网格，在维数为 d 时。一个元胞的邻居个数为(3^d-1)。

（3）扩展的摩尔（Moore）型

将摩尔型邻居的半径 r 扩展为 2 或者更大，即得到所谓扩展的摩尔型邻居，见图 5.6（c）。其数学定义可以表示为：

$$N_{\text{Moore}} = \{v_i = (v_{ix}, v_{iy}) \| |v_{ix} - v_{ox}| + |v_{iy} - v_{oy}| \leq r, (v_{ix}, v_{iy}) \in \mathbf{Z}^2\} \tag{5.5}$$

此时，对于四边形网格，在维数为 d 时，一个元胞的邻居个数为：$(2r+1)^d - 1$。

5.3.4 元胞自动机的演化规则

根据元胞当前状态及其邻居的状况确定下一时刻该元胞状态的动力学函数称为演化规则（Rule）。简单来讲，就是一个状态转移函数。记为

$$f: S_i^{t+1} = f(S_i^t, S_N^t) \tag{5.6}$$

这里，f 表示状态转移函数（或演化规则）；S_i^t 表示 t 时刻 i 元胞的状态；S_N^t 表示 t 时刻 i 元胞的邻居元胞的状态。

元胞自动机是一个动态系统，尽管随着时间的变化，系统物理结构的本身每次都不改变，但是状态在变化，如果用一个数学公式来表示元胞自动机，它可以概括为一个四元组，即

$$A = (L_d, S, N, f) \tag{5.7}$$

这里 A 代表一个元胞自动机系统；L_d 表示元胞空间，d 为空间维数；S 是有限的、离散的元胞状态集合；N 表示邻域内所有元胞的组合（包括中心元胞在内）；f 是状态转移函数，也就是演化规则。

演化规则是，人们事先给出的用来约束元胞自动机状态的条件集合。在实际应用中，一个元胞自动机模型是否成功，关键在于规划设计得是否合理，能否客观地反映实际系统内在的本质特征。因此，演化规则的设计是整个元胞自动机的核心。

5.4 元胞自动机的特征

通常来说，元胞自动机有下列几种特征：

（1）空间和时间离散：空间离散具有两方面的含义，它既指元胞空间自身结构的离散，又指元胞在元胞空间里面分布的离散；而时间离散则是指系统按照等时间间隔的步长来演化，一个元胞在 $t+1$ 时刻的状态只取决于 t 时刻该元胞及其邻居元胞的状态。

（2）齐性和同质性：齐性是指元胞的大小、形状及分布方式都完全相同；同质性则是指在元胞空间范围中所有的元胞都遵守一样的演化规则。

（3）时空局域性：时空局域性是指，一个元胞在 $t+1$ 时刻的状态是由邻居半径 r 范围里所有的元胞在 t 时刻的状态所决定的，但是在 t 时刻元胞的状态只会对 $t+1$ 时刻的状态产生影响，所以在时间和空间上是局域性的。

（4）并行性：各个元胞在时刻 $t+i(i=1,2,\cdots)$ 的状态变化是独立的行为，不需要按什么标准来统一排队，各元胞的行为是并行的，相互没有影响，同时进行。若将元胞自动机的状态变化看成数据处理，则元胞自动机的处理是同步进行的，特别适合于并行运算。

（5）有限的状态离散：元胞自动机的状态参量只能取有限个离散值 $S_1, S_2, \cdots, S_k$，即 k 个离散值。相对于连续状态的动力系统，它不需要经过离散化处理就可以直接转化为符号序列。

（6）高维数性：若元胞的状态有 k 种，状态的更新由自身及其四周邻近的 n 个元胞状态共同决定，那么演化规则将会是很大的数目。在具体的应用中，计算机模拟会根据变量的个数来处理这种大数目、高维度的元胞自动机系统。

由元胞空间的维数可把元胞自动机划分为三类，如图5.7、图5.8和图5.9所示。

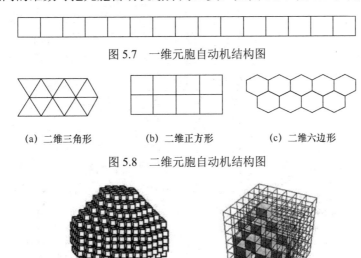

图 5.7　一维元胞自动机结构图

(a) 二维三角形　　(b) 二维正方形　　(c) 二维六边形

图 5.8　二维元胞自动机结构图

图 5.9　三维元胞自动机结构图

5.5　几种典型的元胞自动机

在元胞自动机的发展过程中，科学家们构造了各种各样的元胞自动机模型。其中，以下几个典型模型对元胞自动机的研究起到了极大的推动作用，因此，它们又被认为是元胞自动机发展历程中的重要里程碑。

5.5.1 斯蒂芬·沃尔夫勒姆和初等元胞自动机[52-60]

从1981年起，斯蒂芬·沃尔夫勒姆（Stephen Wolfram）开始探索自然界中存在的复杂的根源问题，他的一个关键思想就是，用数值实验来研究元胞自动机。在1981年至1986年的短短几年之内，沃尔夫勒姆发表了关于元胞自动机理论的一系列重要论文[52]，奠定了元胞自动机的理论基础。

1983年6月，他在 *Reviews of Modern Physics* 上发表了他的第一篇论文[53]，研究了初等元胞自动机（特别是30号规则，如图5.11和图5.12所示）。这些由简单规则行为产生的意想不到的复杂性使得沃尔夫勒姆怀疑自然界的复杂性可能是由类似的机制造成的。

2002年，沃尔夫勒姆出版了一部1280页的专著《一种新科学》(*a New Kind of Science*)，其中详细论述了初等元胞自动机的理论与方法，并且逐一计算了256种组合输出的状态，针对演化结果进行了分类与特性分析。还阐述了元胞自动机不是孤立存在的，而是与其他科学相互融通的，元胞自动机对所有科学学科都有重要意义[52]。

初等元胞自动机（Elementary Cellular Automata，ECA）是最简单、最常用的一种元胞自动机模型。它的状态集 S 只有两个元素 $\{S_1, S_2\}$，也就是状态个数 $k=2$、邻居半径 $r=1$ 的一维元胞自动机[51]，即任何一个元胞只有两个邻居（左邻，右舍）。元胞状态从 t 时刻到 $t+1$ 时刻的更新是由其自身和邻居在前一时刻的状态共同决定的。至于在 S 中具体采用什么符号并不重要，它可取 $\{0,1\}$、$\{$静止, 运动$\}$、$\{$黑, 白$\}$、$\{$生, 死$\}$ 等，这里重要的是 S 所含的符号个数，通常我们将其记为 $\{0,1\}$。此时，局部映射可记为

$$S_i^t = f(S_{i-r}^{t-1}, \cdots, S_{i-1}^{t-1}, S_i^{t-1}, S_{i+1}^{t-1}, \cdots, S_{i+r}^{t-1}) = f(S_{i-1}^{t-1}, S_i^{t-1}, S_{i+1}^{t-1}) \tag{5.8a}$$

或者

$$S_i^{t+1} = f(S_{i-1}^t, S_i^t, S_{i+1}^t) \tag{5.8b}$$

可见，由 S、r 和 f 就可以完全确定一个元胞自动机。变换函数中含有3个状态变量，每个状态变量有2种状态，所以共有 $2 \times 2 \times 2 = 8$ 种组合。而每一个输入条件都对应着2种输出状态0或1，这样，总共会有 $2^8 = 256$ 个输出状态组合。也就是说，初等元胞自动机共有256种不同规则，如图5.10所示。

$$
\begin{array}{ccccccccc}
t \rightarrow & 111 & 110 & 101 & 100 & 011 & 010 & 001 & 000 \\
& \downarrow & \downarrow & \downarrow & \downarrow & \downarrow & \downarrow & \downarrow & \downarrow \\
& 1 & 1 & 1 & 1 & 1 & 1 & 1 & 1 \\
t+1 \rightarrow & or & or & or & or & or & or & or & or \\
& 0 & 0 & 0 & 0 & 0 & 0 & 0 & 0 \\
& a_7 & a_6 & a_5 & a_4 & a_3 & a_2 & a_1 & a_0
\end{array}
\tag{5.9}
$$

图5.10 一维元胞自动机可能的输出状态

沃尔夫勒姆把每一种输入对应的输出状态按顺序编号为 $a_7 a_6 a_5 a_4 a_3 a_2 a_1 a_0$ 的8位二进制序列，那么它的十进制编号用 R 表示为

$$R = \sum_{i=0}^{7} 2^i a_i \tag{5.10}$$

例如，以下映射便是一维元胞自动机输入状态中8种可能组合的其中一个规则。

(1) 30 号规则

$R_{30} = 00011110$

$R_{30} = 0\times 2^0 + 1\times 2^1 + 1\times 2^2 + 1\times 2^3 + 1\times 2^4 + 0\times 2^5 + 0\times 2^6 + 0\times 2^7 = 30$

R_{30} 规则用文字可描述为：如果一个元胞自身及其右侧邻居在 t 时刻的状态都是白色的，则该元胞在 $t+1$ 时刻取其左侧邻居在 t 时刻的颜色；否则，取其左侧邻居在 t 时刻颜色的反颜色。沃尔夫勒姆 30 号规则示意图如图 5.11 所示，演化结果如图 5.12 所示。

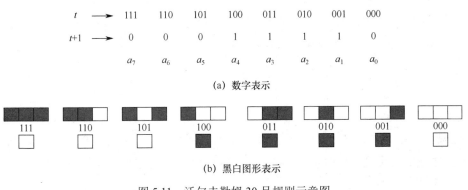

(a) 数字表示

(b) 黑白图形表示

图 5.11 沃尔夫勒姆 30 号规则示意图

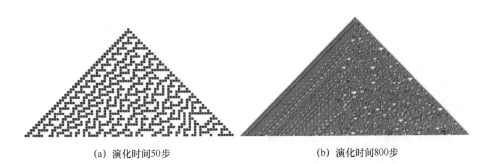

(a) 演化时间50步

(b) 演化时间800步

图 5.12 沃尔夫勒姆 30 号规则演化结果（由上到下每一行代表一个时间步）

在 30 号规则下，初值取第一行中央的格子为 1，其余为 0，则元胞呈现出由上至下的扩散式演化。每一行单元格表示自动机历史中的一代，其中 $t=0$ 表示顶行。白色单元格表示 0，黑色单元格表示 1。生长方式表现出混沌状态。这意味着即使是简单的输入模式也会导致混沌，貌似随机地演变。

30 号规则是沃尔夫勒姆在 1983 年提出的一维二进制细胞自动机规则。在沃尔夫勒姆的分类体系中，30 号规则属于第三类规则，表现出不定期、混沌的行为。

这个规则之所以令人感兴趣，是因为这个简单、已知的规则能够产生复杂且看上去随机的模式。因此，沃尔夫勒姆认为，30 号规则及其他一般的元胞自动机是理解简单规则如何在实际上形成复杂结构与行为的关键。比如，一个类似 30 号规则的模式广泛地出现在锥形蜗牛物种如织锦芋螺的外壳上，如图 5.13 所示。30 号规则也被当作一个随机数生成器用在 Mathematica 上，而且被提议应用于密码学上的流加密。

图 5.13 织锦芋螺外壳（贝壳的螺旋图案）

30 号规则是沃尔夫勒姆规则中出现类似演化图案中最小的一个。30 号规则的镜像和补充分别有 86 号规则、135 号规则和 149 号规则。

（2）90 号规则

$$R_{90} = 01011010$$

$$R_{90} = 0\times 2^0 + 1\times 2^1 + 0\times 2^2 + 1\times 2^3 + 1\times 2^4 + 0\times 2^5 + 1\times 2^6 + 0\times 2^7 = 90$$

R_{90} 规则可描述为：如果在 t 时刻一个元胞的邻居只有一个是白色的，那么该元胞在 $t+1$ 时刻就是黑色的；否则它就是白色的。沃尔夫勒姆 90 号规则示意图如图 5.14 所示，演化结果如图 5.15 所示。

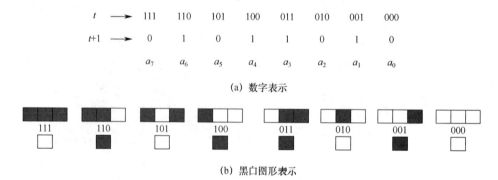

图 5.14 沃尔夫勒姆 90 号规则示意图

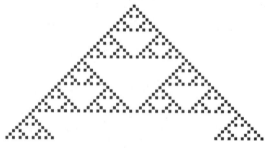

图 5.15 沃尔夫勒姆 90 号规则演化结果（由上到下每一行代表一个时间步）

在 90 号规则下，初值取第一行中央的格子为 1，其余为 0，则元胞图案呈现由上而下无数嵌套的三角形自相似结构，形似谢尔宾斯基三角形。这是具有分形或自相似的结构特征。

（3）110号规则

$R_{110} = 01101110$，即

$a_7 = 0$，$a_6 = 1$，$a_5 = 1$，$a_4 = 0$，$a_3 = 1$，$a_2 = 1$，$a_1 = 1$，$a_0 = 0$

$R_{110} = 0 \times 2^0 + 1 \times 2^1 + 1 \times 2^2 + 0 \times 2^3 + 1 \times 2^4 + 1 \times 2^5 + 1 \times 2^6 + 0 \times 2^7 = 110$

110号元胞自动机的规则可用文字描述为：如果在 t 时刻，一个元胞和它的两个邻居的颜色是一致的或者该元胞和其右侧邻居都是白色的，那么该元胞在 $t+1$ 时刻取白色；否则该元胞取黑色。沃尔夫勒姆110号规则示意图如图5.16所示。

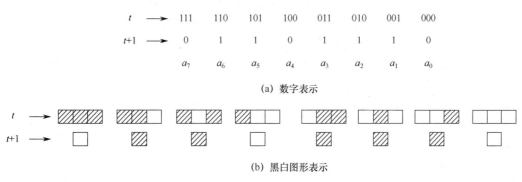

图5.16　沃尔夫勒姆110号规则示意图

在110号规则下，初值取第一行最右边的格子为1，其余为0，其中 $t=0$ 表示顶行，白色单元格表示0，黑色单元格表示1，则元胞图案呈现出由上而下的扩散演化，经过一段时间，在图案左侧部分，出现有规律的对角方向条纹，而在图案右侧显得杂乱无章，基本上是一个随机性的图案。因此，无法预测按110号规则演化到后来图案将会出现什么样的结构，这属于复杂系统，如图5.17所示。

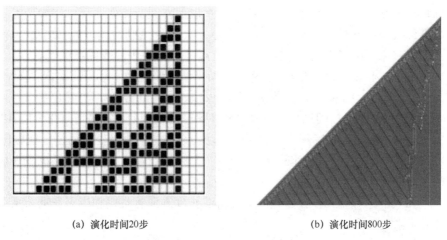

图5.17　沃尔夫勒姆110号规则的时间演化过程（由上到下每一行代表一个时间步）

元胞自动机的主要优点[51]如下。

（1）元胞自动机适用于非结构化问题的信息处理和系统建模。非结构化问题是指，难以用明确的数学公式来描述，其求解过程和求解方法没有固定的规律可循。对于那些难以

观测、边界模糊、不便建模的实际问题都属于非结构化问题,它们难以用数学的解析方法来求解,但是可以借助元胞自动机的方法来解决。因为元胞自动机具有很好的适应性,其规则很容易用计算机方法来描述,因此更适合计算机模拟。

(2)不像传统的模拟仿真随着时间的增长会产生误差积累,元胞自动机在模拟仿真中没有误差积累。因此可以对一个复杂系统进行长期的模拟,从而发现其中的规律。

(3)元胞自动机是并行操作的。在元胞自动机中,每一个元胞状态的更新都是依据规则同步进行的,元胞自动机中各个元胞的信息处理,并不需要按什么标准或协议来排队,它是并行的分布式的信息处理方式,这正是当代计算机追求的方式。

(4)元胞自动机中每个元胞状态的更新,除根据自身状态之外,只与邻近元胞状态有关,属于短程通信。如果将每一个元胞都视为一个处理器内核,在一块多核 CPU 芯片上集成许多元胞,只有相邻的处理器内核才需要通信,这样可以节省成本,降低系统复杂性。

总之,元胞自动机在科学方法论上提供了一种新的范式,它利用简单的、定义局部规则的、离散的方法就能描述复杂的、全局的、连续的系统。因此在信息科学及计算机科学等领域有着广阔的应用前景。

5.5.2 元胞自动机分类[51]

元胞自动机的构建没有固定的数学公式,构成方式多样,行为复杂。故基于不同的出发点,元胞自动机可有不同的分类方式,其中,最具影响力的当属沃尔夫勒姆在20世纪80年代初做的基于动力学行为的元胞自动机分类。沃尔夫勒姆在详细分析研究了一维元胞自动机的演化行为,并在大量的计算机实验的基础上,将所有元胞自动机的动力学行为归纳为四大类[52]。

(1)平稳型:自任何初始状态开始,经过一定时间运行后,元胞自动机趋于一个空间不变的图形,即指每一个元胞处于固定状态,不再随时间变化而变化。比如全黑、全白的图形,如图 5.18 中的 0 号、8 号、32 号、40 号、72 号等规则(图中为 rule 0,⋯, rule 72,下同)。它相当于在动力系统中,向着一个固定点吸引子演化,或称不动点。

(2)周期型:不管初始状态如何,经过一定的时间运行后,元胞自动机趋于一系列简单的固定结构(Stable Patterns)或周期结构(Periodical Patterns)。也就是要么停止在不变的图形,要么在几个图形之间循环。具体的最终图形依赖于初始状态,如图 5.18 中的 4 号、12 号、36 号、44 号、76 号等规则。它相当于动力系统中的周期性吸引子,或称周期轨。

(3)混沌型:自任何初始状态开始,经过一定时间运行后,元胞自动机表现出非周期行为,所生成的图形通常表现为具有自相似特征的分形图形,如图 5.18 中的 18 号、22 号、26 号、30 号、60 号等规则。亦即元胞自动机演化到混沌状态,相当于在动力系统中向着奇怪吸引子演化。

(4)复杂型:自任何初始状态开始,经过一定时间运行后,元胞自动机演化成一种有序与随机相结合的混合结构,出现复杂的局部混沌状态,或者说相当于在系统动力学中,向着"混沌边缘"演化。系统的行为既不是完全随机的,也不是完全有序的,这是复杂性的基本特征。如图 5.18 中的 57 号、62 号、75 号、105 号、110 号等规则。

沃尔夫勒姆对 256 种模型一一进行了详细而深入的研究，如图 5.18（256 个图案）所示。研究表明，尽管初等元胞自动机是如此简单，但它们表现出各种各样高度复杂的空间形态。经过一定时间，有些元胞自动机生成一种稳定状态，或静止，或产生周期性结构，而有些产生自组织、自相似的分形结构甚至演化到复杂结构。

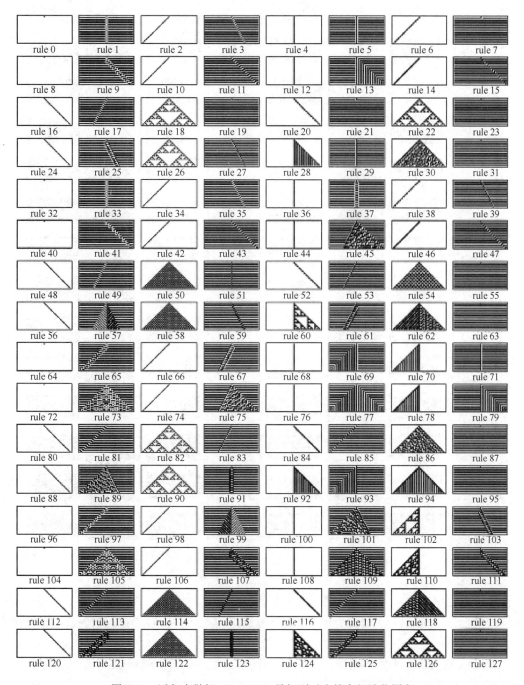

图 5.18　沃尔夫勒姆（0～255）号规则对应的全部演化图案

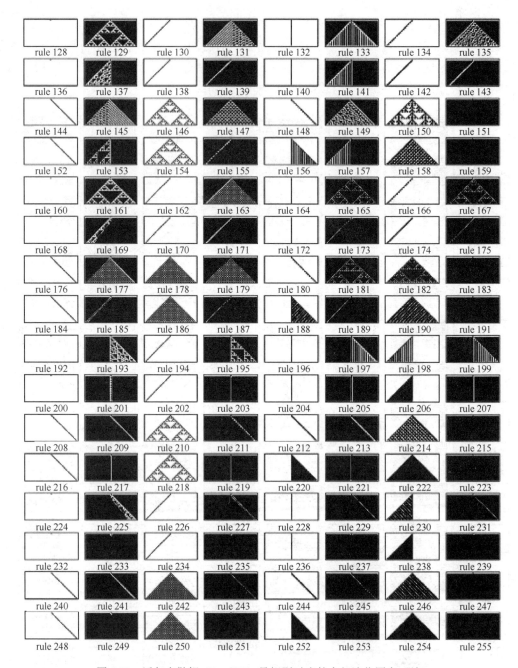

图 5.18 沃尔夫勒姆（0～255）号规则对应的全部演化图案（续）

沃尔夫勒姆对一维元胞自动机，尤其是初等元胞自动机的深入研究奠定了元胞自动机理论的基石。对元胞自动机的理论研究，以及后来的人工生命研究和近来兴起的复杂性科学（Science of Complexity）研究作出了卓越的贡献。

图 5.18 是沃尔夫勒姆给出的（0～255）个规则对应的全部演化图案[52]，图案摘自《一种新科学》（*a New Kind of Science*）。

图 5.19 和图 5.20 是沃尔夫勒姆给出的 256 个规则中部分典型的演化图案。

图 5.19 沃尔夫勒姆部分典型图案演化的黑白图

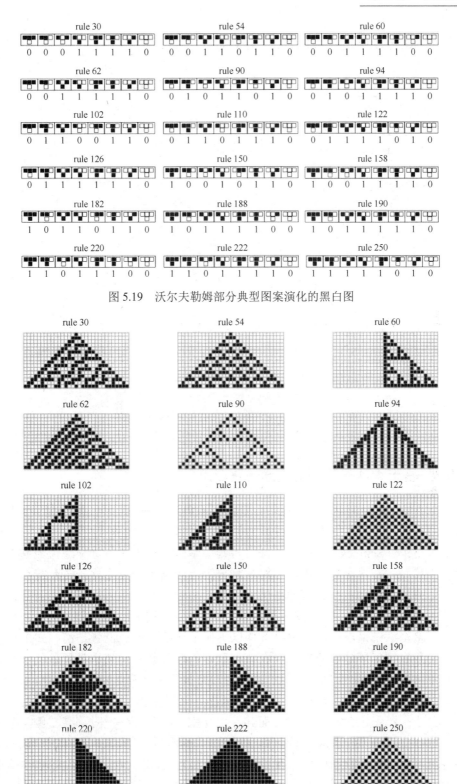

图 5.20 与图 5.19 对应的沃尔夫勒姆规则中部分典型的演化图案

附录 90号规则的 MATLAB 仿真程序

```
% sierpinski.m
function sierpinski_ca1(m,n)
m=1000;n=3000;
x=1;y=1;
t=1;w=zeros(2,m*n);
%t=1;w=zeros(3,m*n);
s=zeros(m,n);
s(1,fix(n/3))=1;
 for i=1:m-1
  for j=2:n-1
   if (s(i,j-1)==1&&s(i,j)==0&&s(i,j+1)==0)||(s(i,j-1)==0&&s(i,j)==0&&s(i,j+1)==1);
    s(i+1, j)=1;
    w(1,t)=x+3+3*j;
    w(2,t)=y+5*i;
    t=t+1;
   end
  end
 end
plot(w(1,:),w(2,:),'.','markersize',1)
sierpinski_ca1(1000,3000);
```

5.5.3 基于184号规则的交通仿真应用

本节介绍一个相对简单、应用比较广泛的元胞自动机——沃尔夫勒姆的184号规则。将元胞自动机应用于道路交通仿真最早是受到了沃尔夫勒姆184号规则的启发。1992年，德国学者 Nagel 和 Schreckenberg 在184号规则的基础上提出了一维交通流元胞自动机模型，即 NS 模型。在这个模型中，道路被划分为等距格子，每个格子表示一个元胞。元胞或为空，或被一辆车占据。模型采用并行更新规则，每一个时间步内，若某车的前方元胞是空的，则该车可以向前行驶一步。若前面的元胞被另一辆车所占据，则该车停在原地不动。整个系统采用周期性边界条件以确保车辆数守恒。也就是说，如果在 t 时刻一个元胞及其右侧邻居是黑色的，或者该元胞是白色且其左边邻居是黑色的，那么该元胞在 $t+1$ 时刻是黑色的，否则取白色。该模型常常被用来研究车辆交通问题。如果对184号规则赋予车辆交通的含义，黑色表示该元胞被一辆车占据，白色表明该元胞上没有车辆。当 t 时刻一个元胞是空的（白），而其左边元胞有车时，$t+1$ 时刻其左侧车辆向右行驶（黑），并占据该元胞；如果一个元胞上有车，而其右侧元胞上也有车时，该元胞上的车辆因为前方没有行驶空间而停留在原地不动（黑）。若用1表示元胞被占据，0表示元胞为空的，则184号规则可以写成如图5.21所示形式，其演化结果如图5.22所示。

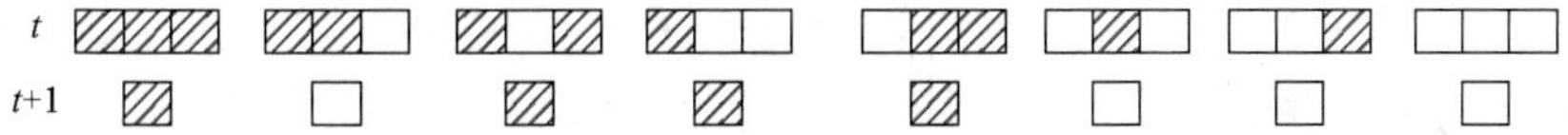

(a) 184号规则的示意图

t	111	110	101	100	011	010	001	000
$t+1$	1	0	1	1	1	0	0	0

(b) 184号规则的数字示意图

图 5.21 沃尔夫勒姆的 184 号规则

NS 模型是一个交通流模型，每辆车的状态都由它的速度和位置所表示，其状态按照以下演化规则并行更新。NS 模型的演化规则如下。

（1）加速过程。如果车辆的速度低于最大速度，且前方有空余的空间，那么在下一个时刻，速度会增加 1。

（2）减速过程。如果车辆发现前方在某一确定距离内有其他车辆，并且这个单位时间内的距离要小于本车的速度，那么车辆的速度会降低。

（3）随机因素。设定了其他随机因素，会导致车辆的速度减 1，但速度不低于零。

（4）位置更新。所有车辆按照预定的方式前进。

观察图 5.23，纵轴是时间轴，横轴是在某一时刻的道路情况。研究者发现，随着时间的推移，原本没有堵塞的路况会自动出现堵塞，并且拥堵情况会在道路上传递。研究者进一步发现，即便改变了出行道路选择算法等其他因素，"临界现象"都是稳定存在的。临界现象主要是由道路拥堵表现出来的"形状"决定的。研究者认为：大量车辆驶入的主干道路是交通拥堵出现的主要原因，也是拥堵扩大致使交通瘫痪的根源所在。如何避免交通瘫痪、缓解交通拥堵呢？增加主干道宽度，从而提高道路短时承载能力，会是一个有效的方法。

图 5.22 沃尔夫勒姆的 184 号规则演化结果

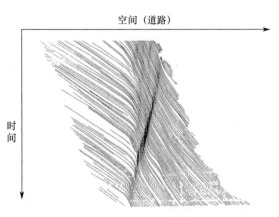

图 5.23 NS 模型的计算结果

5.6 康威的"生命游戏"[51]

1945年6月30日，美国宾州大学科学家冯·诺依曼发表了历史上著名的"101页报告"。这份报告提出设计制造一种机器，这种机器只要输入一个值，就可以计算远程大炮的弹道轨迹，这就是计算机的由来。冯·诺依曼规定，使用二进制替代十进制运算，用符号0和1来表示。冯·诺依曼还设想了另外一种机器，这种机器叫元胞自动机。这个机器只要设定好初值就可以自我繁殖，不断迭代，就像人类给它赋予了生命一样。但这种设想一直未实现，直到1970年，英国剑桥大学的康威（J. H. Conway）发明了一种生命游戏，他采用二维元胞自动机，这种元胞自动机就像一个广大无边的棋盘，每一格是一个元胞，每个元胞只有两种状态——"生"与"死"，或者说是"1"与"0"，也可表示为黑与白。每个元胞以相邻的上、下、左、右和对角线方向上共8个元胞为邻居，即采用Moore型邻居形式。康威设定了如下规则：

（1）元胞分布在规则划分的网格上；
（2）元胞具有0，1两种状态，0代表"死"，1代表"生"；
（3）元胞以相邻的8个元胞为邻居，即Moore邻居形式；
（4）一个元胞的生死由其在该时刻本身的生死状态和周围八个邻居状态之和决定：

- 在当前时刻，如果一个元胞状态为"生"，且8个相邻元胞中有2个或3个的状态为"生"，则在下一时刻该元胞继续保持为"生"，否则为"死"；
- 在当前时刻，如果一个元胞状态为"死"，且8个相邻元胞中正好有3个为"生"，则该元胞在下一时刻"复活"，否则保持为"死"。

从数学模型的角度看，该模型将平面划分成方格棋盘，每个方格代表一个元胞。
元胞状态是0代表死亡，1代表活着，邻居半径为1，邻居类型是Moore型。
生命游戏中的演化规则若用数学表达式来描述，可以写成如下形式

$$\text{if} \quad S^t = 1 \quad \text{then} \quad S^{t+1} = \begin{cases} 1, & S = 2,3 \\ 0, & S \neq 2,3 \end{cases} \tag{5.11a}$$

$$\text{if} \quad S^t = 0 \quad \text{then} \quad S^{t+1} = \begin{cases} 1, & S = 3 \\ 0, & S \neq 3 \end{cases} \tag{5.11b}$$

其中S^t表示t时刻元胞的状态，S为8个相邻元胞中活着的元胞数。

生命游戏的演化结果如图5.24所示。观察图5.24不难发现，在生命游戏规则的作用下，元胞的成活率逐渐降低，但不会全部死亡，在经历较长步数的演化后，最终存活的元胞呈现稳定状态，如图5.24（d）所示。

从图5.24（a）、图5.24（b）的动态图案还可以看出，经过若干步的迭代，其中有的元胞会很快消失，有的元胞会周而复始重复两个或几个图案，而有些元胞则固定不动。正因为它能够模拟生命活动中的生存、灭绝、竞争等复杂现象，所以得名"生命游戏"。"生命游戏"尽管其规则看上去很简单，但是具有产生动态图案和动态结构的能力。当给定适当的初始状态分布，会出现一种很有趣的现象，如图5.25所示。在演化过程中，图案会沿着元胞空间的对角线定向移动，整个过程类似于滑翔机在空中滑行，故而得名"滑翔机"。

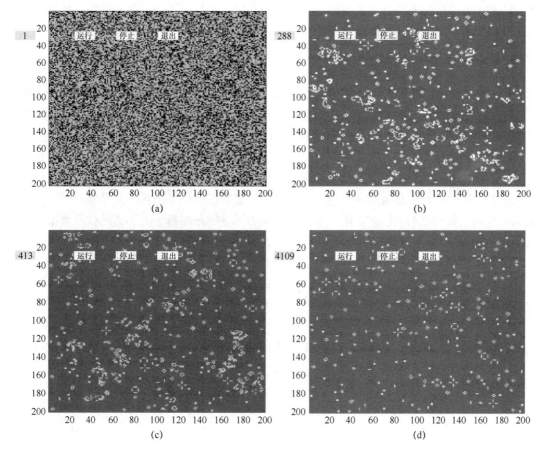

图 5.24 生命游戏的演化结束

图 5.25 滑翔机图案

康威认为，只要游戏机的牌面足够大，它会永远向一个方向跑下去。他让格子不停地迭代，就可以周期性地生产滑翔机发射器，每个发射器还可以再发射滑翔机，使得滑翔机源源不断地发射出来。从这一刻开始，图形不再接受人类的控制，这个过程能够自我繁殖，不断迭代，好像自动产生了生命。康威实现冯·诺依曼的设想，发明了人类历史上第一个真正意义上的元胞自动机，因此康威将它命名为"生命游戏"。人们称其为康威的"生命游戏"（Conway's Game of Life）。

走进混沌世界

以康威的"生命游戏"为代表的二维元胞自动机模型已在多方面得到应用。世界上很多现象都是二维分布的,还有一些现象可以通过抽象或映射等方法转换到二维空间上,所以,二维元胞自动机模型的应用是最为广泛的。例如,森林火灾,如果一棵树的邻居着火了,那么这棵树一定会着火,以此规则出发,人们仿真了森林火灾的演化过程,从而对火灾发展进行预测。再比如,病毒传播可以用元胞自动机来预测,但是因为人是可动的,树是静止的,所以比预测大火更为复杂。设想将一个格子周边的 8 个格子看作第一层密切接触者,8 个格子外圈的 16 个格子当作第二层密切接触者,甚至可以再扩展到第三层 24 个格子作为第三层密切接触者,然后设定好规则就可以进行预测了。2012 年,美国探索频道播出了一档纪录片——《史蒂芬·霍金之大设计》,在这个纪录片中,霍金第一次将生命游戏的真正意义展现在世人面前。霍金说,生命游戏的规则十分简单,但是它能够创造出高度复杂的特征,甚至可能从中诞生智慧。它们生活在二维世界中,在无穷无尽的平面格子上不断迭代和繁衍,然而它们永远也不会知道还存在着一个三维的世界。中国的古代神话中有三皇五帝创世之说。西方的《圣经》中说,上帝在一片混沌中创造了万物,到第六天创造了人。当我们人类在宇宙中通过自己的力量创造出智慧生命的时候,我们人类也就变成了神。我们人类自身会不会是更高维的智慧创造的生命游戏呢?在这个无边无际的三维宇宙里,我们不可能知道有更高维生物的存在。就像"生命游戏"里人类创造的二维生命,它们永远不知道三维世界存在一样。元胞自动机成功地解决了机器可以自我复制的问题,成为人工生命科学的先驱,从此可能在人工智能的发展中开启"硅基生命"的新篇章。

附录　生命游戏程序

```
%% 设置 GUI 按键
plotbutton=uicontrol('style','pushbutton','string','运行', 'fontsize',12,'position',[150,400,50,20], 'callback', 'run=1;');
erasebutton=uicontrol('style','pushbutton','string','停止','fontsize',12,'position',[250,400,50,20],'callback','freeze=1;');
quitbutton=uicontrol('style','pushbutton','string','退出','fontsize',12,'position',[350,400,50,20],'callback','stop=1;close;');
number = uicontrol('style','text','string','1','fontsize',12, 'position',[20,400,50,20]);
%% 元胞自动机设置
n=200;
%初始化各元胞状态
z = zeros(n,n);
sum = z;
cells = (rand(n,n))<.6;
% 建立图像句柄
imh = image(cat(3,cells,z,z));
set(imh, 'erasemode', 'none')
% 元胞更新的行列数设置
x = 2:n-1;
y = 2:n-1;
```

```
% 主事件循环
stop= 0; run = 0;freeze = 0;
while stop==0
if run==1
        % 计算邻居存活的总数
        sum(x,y) = cells(x,y-1) + cells(x,y+1) + cells(x-1, y) + cells(x+1,y)...
            + cells(x-1,y-1) + cells(x-1,y+1) + cells(x+1,y-1) + cells(x+1,y+1);
        % 按照规则更新
cells = (sum==3) | (sum==2 & cells);
set(imh, 'cdata', cat(3,cells,z,z) )
stepnumber = 1 + str2double(get(number,'string'));
set(number,'string',num2str(stepnumber))
end
if freeze==1
run = 0;
freeze = 0;
end
drawnow
end
```

5.7 凝聚扩散模型[13]

在随机共振和分数维中从多尺度的角度谈到了布朗运动，看到了尺度对于测量的重要性。不管是海岸线的长度，还是科赫雪花曲线、谢尔宾斯基三角形，都是随着尺度变化的多尺度系统。这些多尺度系统在实际问题中普遍存在，它们常以随机信号或混沌信号的形式出现，之所以称其为随机，也是因为其中包含有大大小小的不同尺度。而随机行走就是具有分形特征的多尺度系统，随机行走的结果就是"扩散"。这里包括物质扩散、热量扩散、气体扩散等。随机行走和扩散对力学、结晶学、天文学、生物学、气象学、流体力学、经济学等方面都有重要作用。

随机行走（Random Walk）是定义在格点上的随机过程，如一个游走者在二维的格子上游动，每一个时间间隔都以相同的概率游走到其最邻近的位置，图 5.26 是单个粒子在二维格子上随机游走的轨迹。每一时间间隔粒子游走了一个单位间隔，共游走了 10 个时间间隔，得到了三种不同的游走轨迹。图中的数字代表游走的顺序，箭头代表游走的方向。那么 n 步以后的净位移为

$$r(n) = \sum_{i=1}^{n} e_i \tag{5.12}$$

其中 e_i 是第 i 步指向最邻近位置的单位向量。式（5.12）代表了单位向量之和。

由此可以模拟诸如自然界中分子的布朗运动、电子在金属中的随机运动等复杂过程。图 5.26 中仅仅是单个粒子的运动规律。然而，实际中随机游走模型中粒子可以有很多个，而且粒子之间不是各自独立而是相互作用的，这样粒子游走的当前一步和前面一步是相关的，即长程相关（long-range correlation），那么就会引起异常扩散，如凝聚扩散模型。

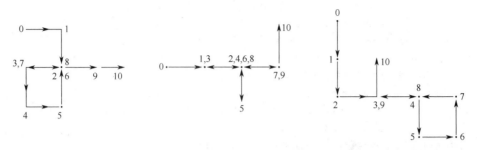

图 5.26　在二维格子上，单个粒子随机游走的三种不同轨迹

凝聚扩散（Diffusion-Limited Aggregation）模型，简称 DLA 集团，可以看作一个多粒子的随机行走模型，而且它的计算空间也往往是离散的网格。它是由 A. Written 和 Sander 于 1981 年首先提出的。其基本思想是，给定初始点作为凝聚点，以它作为圆心画一个大圆，在圆周上的一个随机点释放一个粒子，为简单起见，它的运动通常规定为一个随机游走过程，直到它运动至与已有的凝聚点相邻，改变它的状态为凝聚点，不再运动，再随机释放一个粒子，直至凝聚。重复上述过程，就可以得到一个凝聚点的连通集，形似冬日里玻璃上的冰花。凝聚扩散模型还可以有不同的形式，如释放点可以在一个四边形中的顶部，从而在下面生长出形似荆棘的灌木丛。图 5.27 是经过很多时间步长后固定集聚的图像显示。图形具有明显的分形结构，即自相似性。

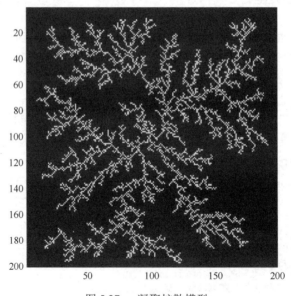

图 5.27　凝聚扩散模型

DLA 集团生长具有屏蔽性，新的粒子只能在聚集体外缘结合上去，不能深入内部。结合起来的聚集体具有树枝状的松散结构，产生出一种无序的、不可逆生长的特殊的分数维体形。DLA 集团具有统计意义上的自相似性。

以分形体内任一点为中心，取不同半径 r 作圆，在圆内的粒子数与 r 的关系为：$N(r) \propto r^D$，D 为 DLA 集团的分形维数。通常介于 1.6 到 1.7 之间。

DLA 集团可以说明许多物质生长现象。如图 5.28 所展现的铁丝表面镀锌、绝缘气体（SF_6）中在玻璃板面上放电、种子生长的细菌群落等图像。

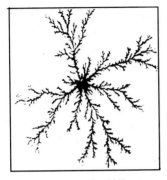
(a) 铁丝表面镀锌

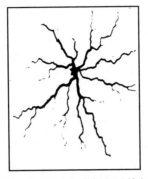
(b) SF_6 气体中在玻璃板面上放电

(c) 种子生长的细菌群落

图 5.28 其他凝聚扩散模型

附录 凝聚扩散模型 MATLAB 程序

```
Diffusion limited aggregation
%diffusion + dla
clear all
clf
nx=200; %must be divisible by 4
ny=200;
z=zeros(nx,ny);
o=ones(nx,ny);
sand = z ;
sandNew = z;
sum = z;
gnd = z;
gnd(nx/2,ny/2) = 1 ;
sand = rand(nx,ny)<.1;
imh = image(cat(3,z,sand,gnd));
set(imh, 'erasemode', 'none')
axis equal
axis tight

fori=1:10000
    p=mod(i,2); %margolis neighborhood
      %upper left cell update
xind = [1+p:2:nx-2+p];
yind = [1+p:2:ny-2+p];
    %random velocity choice
vary = rand(nx,ny)<.5 ;
    vary1 = 1-vary;

    %diffusion rule -- margolus neighborhood
```

```
    %rotate the 4 cells to randomize velocity
sandNew(xind,yind) = ...
vary(xind,yind).*sand(xind+1,yind) + ...    %cw
vary1(xind,yind).*sand(xind,yind+1) ;       %ccw

sandNew(xind+1,yind) = ...
vary(xind,yind).*sand(xind+1,yind+1) + ...
vary1(xind,yind).*sand(xind,yind) ;

sandNew(xind,yind+1) = ...
vary(xind,yind).*sand(xind,yind) + ...
vary1(xind,yind).*sand(xind+1,yind+1) ;

sandNew(xind+1,yind+1) = ...
vary(xind,yind).*sand(xind,yind+1) + ...
vary1(xind,yind).*sand(xind+1,yind) ;

sand = sandNew;

    %for every sand grain see if it near the fixed, sticky cluster
    sum(2:nx-1,2:ny-1) = gnd(2:nx-1,1:ny-2) + gnd(2:nx-1,3:ny) + ...
gnd(1:nx-2, 2:ny-1) + gnd(3:nx,2:ny-1) + ...
gnd(1:nx-2,1:ny-2) + gnd(1:nx-2,3:ny) + ...
gnd(3:nx,1:ny-2) + gnd(3:nx,3:ny);

    %add to the cluster
gnd = ((sum>0) & (sand==1)) | gnd ;
    %and eliminate the moving particle
sand(find(gnd==1)) = 0;

set(imh, 'cdata', cat(3,gnd,gnd,(sand==1)) );
drawnow
end
```

5.8 兰顿蚂蚁

兰顿蚂蚁（Langton's ant）是由美国科学家克里斯托夫·兰顿（Christopher Langton）在 1986 年提出的一个元胞自动机的模型。在这个模型中，一只虚拟的蚂蚁在一个带有黑白方格的平面上移动。蚂蚁的头部朝着上下左右其中一个方向。和著名的"康威的生命游戏"一样，兰顿蚂蚁的规则也很简单：若初始状态，蚂蚁被放置在一个白色的方格中，选取头朝上，如图 5.29（a）所示。如果蚂蚁在白格，右转 90 度，将该格改为黑格，向前移动一步；如果蚂蚁在黑格，左转 90 度，将该格改为白格，向前移动一步。重复这一步骤，可以看到蚂蚁的运动会进入到一个漫长的混乱期，权且称其为混沌时代。图 5.29（b）为蚂蚁走了 10200 步的图形。当蚂蚁走过 10000 步之后，奇怪的事情出现了，蚂蚁会按照 104 步的重复模式构筑一个无限循环的系统。假设平面无限大，蚂蚁的轨迹就会无限周期地朝着固定方向移动下去，在平面格子上画出复杂而有趣的图案，如图 5.29（c）所示。后来人们将这个轨迹形象地称为"高速公路"。兰顿蚂蚁是典型的由无序走向有序、由混沌运动转为周期运动的自组织过程。这个模型不仅在理论上有趣，也被用于模拟和研究复杂的系统。兰顿蚂蚁似乎预示着世界乃至宇宙在一定的条件下可以由混沌走向有序。

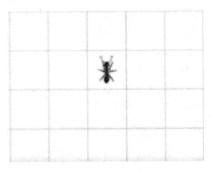

(a) 兰顿蚂蚁平面方格图

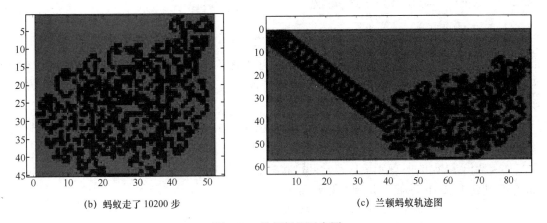

(b) 蚂蚁走了 10200 步　　　　　　　　　(c) 兰顿蚂蚁轨迹图

图 5.29　兰顿蚂蚁示意图

附录　兰顿蚂蚁程序

```
mapSize = 200;
centerPosition = round(mapSize/2);
% [xCoordinates,yCoordinates] = meshgrid(0:mapSize-1,0:mapSize-1);
map = false(mapSize);
position = [centerPosition centerPosition];
direction = [1 0];
rotateLeft = @(x) [-x(2) x(1)];
rotateRight = @(x) [x(2) -x(1)];

for i = 1:12000
if map(position(1),position(2))
direction = rotateRight(direction);
else
direction = rotateLeft(direction);
end
```

```
map(position(1),position(2)) = ~map(position(1),position(2));
position = position + direction;
end

% xBlackCoordinates = xCoordinates(map);
% yBlackCoordinates = yCoordinates(map);

map = map(find(any(map'),1):find(any(map'),1,'last'),...
find(any(map),1):find(any(map),1,'last'));
image(map,'CDataMapping','Scaled');

axis equal
```

5.9 元胞自动机的仿真实现

MATLAB 是由美国 Mathworks 公司推出的在数值计算和图形处理方面有着强大功能的应用软件。MATLAB 软件最常用的数据结构是矩阵，它具有定义简单、编程容易等特点，并且具有很完整的数学函数体系，这使得很多基本的数学运算都能用其特有的功能函数得以完成。

（1）MATLAB 的矩阵和图像可以相互转化，如图 5.30 所示，所以矩阵的显示是可以直接实现的。

如果矩阵 cells 的所有元素只包含两种状态且矩阵 Z 含有 0，可以用 image 函数来显示 cat 命令创建的 RGB 图像，并且能够返回句柄。

```
imh = image(cat(3,cells,z,z));
set(imh, 'erasemode', 'none')
axis equal
axis tight
```

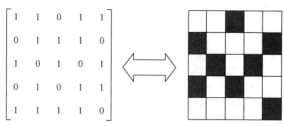

图 5.30 矩阵转换图

（2）因为矩阵和图像可以相互转化，所以初始条件可以是矩阵，也可以是图形。那么就可以使用以下代码来生成一个中心元胞状态是 1，周边元胞状态是 0 的初始化矩阵：

```
%元胞自动机设置
%n=200
%初始化各元胞状态
z = zeros(n,n);
cells = z;
```

```
cells(n/2,0.25*n:0.75*n) = 1;
cells(0.25*n:0.75*n,n/2) = 1;
```

(3) 在计算元胞的邻居时,根据元胞自动机规则,可用以下代码来计算元胞邻居。

(a) 冯·诺依曼型计算邻居元胞如图 5.31 所示:

```
x=2:n-1;
y=2:n-1;
sum (x,y)= veg(y,x-1)+ veg(y,x+1)+ veg(y-1,x)+ veg(y+1,x);
```

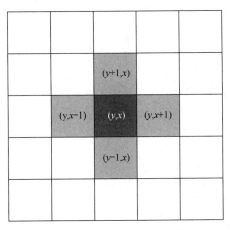

图 5.31 冯·诺依曼型计算邻居元胞

(b) 摩尔型计算邻居元胞如图 5.32 所示:

```
x = 2:n-1;
y = 2:n-1;
sum(x,y)= cells(x,y-1) + cells(x,y+1) + ...
cells(x-1,y) + cells(x+1,y) + ...
cells(x-1,y-1) + cells(x-1,y+1) + ...
cells(x+1,y-1) + cells(x+1,y+1);
cells = (sum==3) | (sum==2 & cells);
```

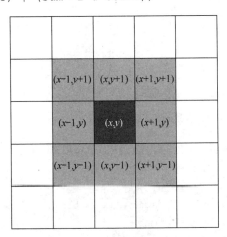

图 5.32 摩尔型计算邻居元胞

(4) 为了使模拟的效果更加人性化，可以在图形界面中增加启动、暂停和退出功能的显示框，同时也在显示框中显示模拟运算的次数。

```
%build the GUI,设置
%define the plot button
plotbutton=uicontrol('style','pushbutton',...
'string','Run', ...
'fontsize',12, ...
 'position',[100,400,50,20], ...
'callback', 'run=1;');

%define the stop button
erasebutton=uicontrol('style','pushbutton',...
'string','Stop', ...
'fontsize',12, ...
'position',[200,400,50,20], ...
'callback','freeze=1;');
%define the Quit button
quitbutton=uicontrol('style','pushbutton',...
'string','Quit', ...
'fontsize',12, ...
'position',[300,400,50,20], ...
 'callback','stop=1;close;');
number = uicontrol('style','text', ...
'string','1', ...
'fontsize',12, ...
'position',[20,400,50,20]);
```

(5) 对元胞自动机进行初始化以后，程序会按设定的规则不断演化，每次演化中由 image 函数返回句柄。刚开始运行时，只在嵌套的 while 循环和 if 语句中运行。直到退出按钮按下时，循环停止。另外两个按钮按下时执行相应的 if 语句。

```
stop= 0; %wait for a quit button push
run = 0; %wait for a draw
freeze = 0; %wait for a freeze
while (stop==0)
if (run==1)
        %nearest neighbor sum
    sum(x,y) = cells(x,y-1) + cells(x,y+1) + ...
        cells(x-1, y) + cells(x+1,y) + ...
        cells(x-1,y-1) + cells(x-1,y+1) + ...
        cells(3:n,y-1) + cells(x+1,y+1);
        % The CA rule
    cells = (sum==3) | (sum==2 & cells);
        %draw the new image
    set(imh, 'cdata', cat(3,cells,z,z) )
        %update the step number display
```

```
            stepnumber = 1 + str2num(get(number,'string'));
            set(number,'string',num2str(stepnumber))
        end
        if (freeze==1)
            run = 0;
            freeze = 0;
        end
        drawnow%need this in the loop for controls to work
    end
```

5.10 元胞自动机的应用

元胞自动机自产生以来，被广泛地应用在社会科学、经济、军事和科学研究的各个领域。应用领域涉及社会学、生物学、生态学、信息科学、计算机科学、数学、物理学、材料学、化学、地理、环境、军事科学等许多方面。

在社会学方面，元胞自动机用于研究经济危机的形成与爆发过程、个人行为的社会性等现象。在生物学中，元胞自动机的设计思想本身就来源于生物学自繁殖的思想，因而它在生物学上的应用更为广泛[52]。例如，元胞自动机用于肿瘤细胞的增长机理和过程模拟、人类大脑的机理探索[57]、HIV的感染过程、自组织、自繁殖等生命现象，以及克隆技术等方面的研究[58]。

在生态学方面，元胞自动机用于兔子与草的关系、鲨鱼与小鱼的食物链等生态动态变化过程的模拟；用于蚂蚁、大雁、鱼类洄游等动物的群体行为的模拟；基于元胞自动机模型的生物群落的扩散模拟等领域[51,52]。

在信息科学方面，元胞自动机用于信息存储、传输、扩散过程的研究，以及将二维元胞自动机应用到图像处理和模式识别等方面的研究[51]。

在计算机科学领域，元胞自动机可以被看作具有并行计算机的功能而用于并行计算的研究[52-54]。另外，元胞自动机还可应用于计算机图形学的研究中。

在数学领域，元胞自动机可用来研究数论和并行计算[52]。

在物理学领域，元胞自动机不但可应用于流体力学的模拟[52]，还可应用于磁场、电场等的模拟，以及热扩散、热传导和机械波的模拟。另外，元胞自动机还可用来模拟雪花等枝晶的形成。

在化学领域，元胞自动机可用来通过模拟原子、分子等各种微观粒子在化学反应中的相互作用，来研究化学反应的过程。

在军事科学中，元胞自动机模型可用于进行军事作战模拟等。

总之，元胞自动机作为一种动态模型和通用性建模的方法，其应用几乎涉及社会科学和自然科学的各个领域。

第 6 章
自组织理论[61-63]

6.1 自组织基本概念

生物体有自己的组织，社会集团和银河系也有自己的组织。组织产生的过程实际上是一个系统从无联系的状态，排除了许多别的可能的联系方式，只取某一种或某几种联系方式的过程。例如，把混乱的人群排成队，就是一种组织过程，这个过程的意义是原来每个人都可任意处在空间各点，而一旦排了队，可取位置的可能性就比原来大大降低了。再如过去江上拉纤的船工，在组长的号子声中步调一致，统一行动，这是有组织。一个组织的确定意味着事物从无联系的状态进化到某种有联系的特定状态的过程，或者说是从混乱无序发展到有序的过程，是一个建立联系的过程。

自然界有各种各样的组织过程。德国著名物理学家哈肯认为：从组织的进化形式来看，可以把它分为自组织和他组织。

自组织是相对于他组织而言的。如果不存在外部指令，系统按照相互默契的某种规则，各尽其责而又协调地、自动地形成有序结构，就是自组织。自组织系统无须外界指令而能自行产生、自行组织、自行演化，即能自主地从无序走向有序。

概括起来，自组织就是在一定的条件下，各个子系统自动地由杂乱无章运动变为在宏观上有一定规律的运动过程。简单地说，就是由无序到有序的运动。

如果一个系统靠外部指令而形成组织，就是他组织。

自组织现象无论在自然界还是在人类社会中都普遍存在。天上的星星、地上的山川、人间的家庭、社区和市场、物理世界的雪花与云层、生物世界的各物种都普遍存在自组织现象。如蚂蚁集体搬运一片大树叶（如图 6.1（a）所示）没有指挥却能朝着一定的方向协同行动，也就是在没有外界强加特定的干预和指令的条件下，依靠各部分的相互协调而获得相对稳定的秩序，形成一致的行动，这种现象就是自组织行为。

再如，图 6.1（b）的玻璃窗上结成的冰花，就是一个由自然过程自动形成的结果，这是典型的自然界中的自组织过程。冰花形成过程符合马太效应。所谓马太效应是指强者更强、弱者更弱的一种自然现象，或富者愈富、穷者愈穷的一种社会现象。冰花尖端的地方生长得更快，是一种典型的两极分化的自然现象。

自组织现象大量地存在于社会活动、物理、化学乃至生物系统中。如下是自组织现象的几个经典案例。

第 6 章 自组织理论

(a) 蚂蚁搬运树叶

(b) 玻璃窗上结成的冰花

图 6.1 生活中常见的自组织现象

6.1.1 贝纳德对流实验

1900 年法国科学家贝纳德（E. Benard）做了一个著名的对流实验。在一水平容器中放入很薄的一层液体，从容器底部均匀地加热，开始液体没有任何宏观的运动，当上下温差达到一定程度，液体中会突然出现规则的六边形元胞图案，如图 6.2 所示。这说明流体系统在某种条件下，能够自发地由无序态转化为有序态，形成一种时空的有序结构或者状态。这就是典型的自组织现象。

图 6.2 贝纳德对流实验

6.1.2 涡旋

自然界中存在的大量涡旋，其本质上都是自组织系统。在火星地表上，当局部区域风足够大时，能将表面尘埃吹起，形成尘暴。在尘暴区内，因对流、地表反射、地表热传导等因素影响，大气会被迅速加热，致使大气急剧上升，周围空气会急速补充，最终形成很强的地面旋风，吹起更多尘埃。这些尘埃微粒自动结合在一起，进行整体有序的涡旋状运动。

地球上龙卷风具有奇特外貌。通常，它上部是一块乌黑或浓灰的积雨云，下部是漏斗状的云柱，它其实是一种类似台风而规模不大的强烈的空气涡旋。发生在水面上的被称为"水龙卷"，而陆地上的被称为"陆龙卷"，两者都有小、快、猛、短的特点。龙卷风的形成一般都与局部地区受热引起上下强对流中气体分子的自组织有关。同理，台风又称热带风暴,它的涡旋状也是由大量分子在热力及动力不稳定的条件下,通过自组织而形成的有序运动,呈涡旋状结构。

实际上,与气流的流动过程类似,液体的流动只要有某种压力差和对流存在,哪怕是轻微的,也会发生自组织过程,产生旋转的趋势,进而可能形成涡旋。交替涨落的潮水,在海洋上形成涡旋。在奔腾的江河上,不时可看到一个个急转的涡旋。日常生活中,水流形成的各种各样的涡旋特征,无一不是遵从自然界的一条基本规律,即大量微观子系统通过自组织形成有序运动,致使出现宏观尺度下的涡旋状相似特征。在不同规模的尺度上出现的大大小小的涡旋,属于多尺度的自组织系统。

6.1.3 激光

20 世纪 60 年代出现的激光是一种远离平衡条件下的典型的宏观有序结构。哈肯在研究激光的发射机理过程中发现,当外加电压较小时,激光器犹如普通电灯,光向四面八方发射,发出无规则的自然光。当外加电压达到某一特定的阈值时,会突然出现一种全新的现象,即受激原子好像听到"向右看齐"的命令,发射出相位和方向都一致的单色光,也就是激光。这表明激光的内部状态由原来原子的无规则振荡转变成完全以自组织方式发生的同相振荡。这种从无序的自然光向着有序的激光演化,是在非平衡条件下系统进行自组织的突出例子。

6.1.4 孕育生命的温床

众所周知,随着温度的降低,物质可以由气态转化为液态,进而由液态转化为固态,反之亦然。在这种不同状态的相变中,一般情况都是物质由无序状态向有序状态变化,由低密度向高密度变化,由体积大向着体积小变化。然而一种我们熟视无睹的物理现象却成为生命能够赖以产生的关键所在。这就是水由气态变为液态时体积变小,而由液态变成固态(冰块)时,其体积反而膨胀,能够浮到水面上而不会下沉。试验证明,水在4℃时密度最大,此时液态水的密度大于冰,所以水在0℃结冰时,体积会增大。在冰川期,当海面结冰时,所有在水面上的冰层形成对海底水流的保护,使得海底热泉的温暖海床上孵化出生命,从而逐步演化出了海洋生命乃至陆地生命。如果不是这种特殊的物理现象,水面结冰下沉,海洋将是冰冻的世界,地球将是死寂的冰球。一种自组织现象或者自然选择可以使一个世界成为截然不同的两种结果。一个极其伟大的自然现象成为孕育生命的温床。

6.1.5 自组织临界[60]

若放一盘沙子,如果沙子在盘子上四处散开,它就处于一种稳定的状态,没有任何有趣的事情发生。但是如果一粒一粒地或以一股细流的形式把沙子慢慢地漏在盘子中间,沙子就会堆成一堆。起初,这些沙子和其余的沙子一样稳定,看不出有什么奇迹。但是到了一个临界点,也就是自组织临界状态,小滑坡和小山崩就开始在逐渐增高的沙堆上出现了。

这时候只要再增加一粒沙子，就会出现许多崩塌，沙堆会重新排列成一种有趣而复杂的结构。然后，当继续给它增加沙子，它会再次堆积起来，直到再以同样的方式崩塌。即使沙堆处在稳定的边缘，它也并不总会完全崩塌，加上那一粒额外的沙子也许只可能激发一次小的或中等的崩塌。想要提前预测下一步会发生哪一种崩塌是不可能的。这就像人们常把一种临界状态比喻为"压死骆驼的最后一根稻草"一样，不过不一定是真的压死了，也有可能仅是压倒了。

那么为什么一堆沙子在混沌的边缘可以变成一种有趣而复杂的结构，会发生崩塌呢？事实上，每一粒沙子都遵循着引力和摩擦力定律。我们是从外面放进沙子，这相当于一股能量流入了这个系统，当沙子重力大于支撑沙堆的摩擦力时，使得本来就处在混沌边缘的系统失去了原有的平衡，出现崩塌。

6.1.6 事件发生的频率与大小的关系

沙堆崩塌的例子是自然界中一种普遍现象的模型。在自然界中相似的事件会在许多不同的范围内出现，但是较大的事件不如较小的普遍。地震发生的频率与震级的大小就是一个典型的例子。在里氏震级表上，5 级地震比 4 级地震大 10 倍，而 6 级地震又比 5 级地震大 10 倍，比 4 级地震大 100 倍，以此类推。地震记录表明有 1000 次地震是 4 级时，就有 100 次是 5 级，10 次是 6 级。可见，一个事件的大小与它发生的频率 f 成反比。因此，通常被称作 $1/f$ 噪声或 $1/f$ 规律。$1/f$ 规律在地震、山崩、塞车甚至进化中都会出现。

6.1.7 被打断了的平衡

丹麦物理学家巴克（Per Bak）提出，复杂的事物存在于"混沌边缘"，处于稳定与混沌变化的分界上，他认为进化与一切东西都处于混沌的边缘。巴克和其他一些物理学家们强调指出，简单的事物在摄取了一股能量后会演变成非常复杂的系统，系统原来的平衡被打断。对这些理论最令人激动的应用涉及生命本身。达尔文（Charles Darwin）物竞天择，适者生存的进化论描述了一个渐变的过程，一些细微的变化被一代代地积累下来，形成优化选择，优势叠加。然而有些进化论生物学家，特别是美国的埃尔德里奇（Eldridge）和古尔德（Gould）则强调化石的记录显示在很长的阶段内很少有变化发生，相反在一些很短的时间内许多进化却突然出现了。这个通常称为被打断了的平衡。这个过程不是渐进的而是突变的，这是对达尔文渐进进化论的补充。事实上，有些物种消失了而一些新的物种又演化出来。他们遵循着 $1/f$ 规律和混沌边缘的效应。

从这个意义上讲，就像沙堆模型一样，所有包含自组织临界的系统都处于混沌的边缘。整个地球都在以光和热的形式从太阳"摄取"能量，是依靠来自太阳的能量维持地球生命的自组织临界系统，是处在混沌边缘的系统。

自组织现象还有很多，不能一一枚举。这些自组织现象的共同规律如下：

（1）通常只有某个系统参量达到一定阈值，新状态才会突然出现，如物质气态、液态、固态之间的相变，沙堆效应，等等。

(2) 新状态具有更丰富的时间和空间结构。比如，洛伦兹方程在原点由稳定态到分岔，产生新的平衡点，出现更丰富的空间结构；再如，朱利亚集和曼德勃罗集这样的按自相似特征不断演化的分形结构。

(3) 只有不断由外界提供能量，这些结构才能继续维持下去，如耗散结构。

(4) 新结构一旦出现，不容易因为外界条件的微小改变而消失，如沙堆效应。

6.2 自组织理论的历史及特征

基于对天体的演化、生物的进化、社会的发展，以及人类语言和思维变化的深入观察与研究，一些新兴的交叉学科从不同的角度对自组织的概念给予了解释。

从系统论的观点来说，自组织是指一个系统在内在机制的驱动下，自行从简单向复杂、从粗糙向细致方向发展，不断地提高自身的复杂度和精细度的过程。

从热力学的观点来说，自组织是一个系统通过与外界交换物质、能量和信息，而不断地降低自身的熵含量提高其有序度的过程。

从进化论的观点来说，自组织是指一个系统在"遗传"、"变异"和"优胜劣汰"机制的作用下，其组织结构和运行模式不断地自我完善，从而不断提高其对环境的适应能力的过程。达尔文的生物进化论的最大贡献就是排除了外因的主宰作用，首次从内在机制上，从一个自组织的发展过程中来解释物种的起源和生物的变化。

而人类的制造过程是他组织，也是一个提高产品有序度，降低其熵含量的过程。

与他组织相比，自组织系统的行为模式具有以下特征。

(1) 信息共享。系统中每一个单元都掌握全套的"游戏规则"和行为准则，这一部分信息相当于生物 DNA 中的遗传信息，为所有的细胞共享。

(2) 单元自律。自组织系统中的组成单元具有独立决策的能力，在"游戏规则"的约束下，每一个单元都有权决定它自己的对策与行动。

(3) 短程通信。每个单元在决定自己的对策和行为时，除根据它自身的状态以外，往往还要了解与它邻近的单元的状态，单元之间通信的距离比系统的宏观特征尺度要小得多，而所得的信息往往也是不完整的。

(4) 微观决策。每个单元所做出的决策只涉及它自己的行为，而与系统中其他单元的行为无关；所有单元各自行为的总和，决定整个系统的宏观行为；自组织系统一般并不需要涉及整个系统的宏观决策。

(5) 并行操作。系统中各个单元的决策与行动是并行的，并不需要按什么标准来排队，以决定其决策与行动的顺序。

(6) 整体协调。在诸单元并行决策与行动的条件下，系统结构和"游戏规则"保证了整个系统的协调一致性和稳定性。

(7) 迭代趋优。自组织的宏观调整和演化并非一蹴而就，而是在反复迭代中不断趋于优化；事实上，这类系统一般无法达到平衡，而往往处在远离平衡态的区域进行永无休止的调整和演化；一旦静止下来，就表示这类系统的"死亡"。

6.3 自组织理论的建立与发展

自组织理论是 20 世纪中叶以来迅速发展起来的一门学科，主要是以自组织现象为研究对象而形成的理论体系，它主要包括"耗散结构论"（Dissipative Structure Theory）、"协同学"（Synergetics）、"突变论"（Morphogenesis）、"超循环理论"（Hypercycle Theory）、"混沌理论"（Chaos Theory）和"分形理论"（Fractal Theory）等若干关于系统演化的理论。自组织理论体系中，耗散结构论深刻地揭示了自组织现象形成的环境与产生的条件；协同学较多地涉及了自组织形成的内在机制；超循环理论阐述了系统自组织演化的具体形式以及发展的过程；突变论着重剖析了自组织演化的途径；混沌理论和分形理论则是对系统走向自组织过程中的时间和空间结构的特性和复杂性的解释和描述。

自组织理论以新的基本概念和理论方法研究自然界和人类社会中的复杂现象，并探索复杂现象形成和演化的基本规律。从自然界中非生命的物理、化学过程怎样过渡到有生命的生物现象，到人类社会从低级走向高级的不断进化等，对这些现象的规律性和复杂性研究成为当今自然科学和人类社会探索自组织演化的前沿理论。

6.3.1 耗散结构论

耗散结构论是伊利亚·普里戈金（Ilya Prigogine）教授于 1969 年在"理论物理学和生物学"国际会议上正式提出的。

耗散结构是一个远离平衡态的非线性的开放系统，通过不断地与外界交换物质和能量，在系统内部某个参数的变化达到一定的阈值时，通过涨落，系统可能发生突变，由原来的混沌无序状态转变为一种在时间上、空间上或功能上的有序状态。这种有序结构，由于需要不断与外界交换物质或能量才能维持，因此称之为"耗散结构"。耗散结构产生的条件如下：

（1）开放性

熵是用来衡量系统混乱程度或无序程度的物理量。熵增则意味着系统混乱程度增加。一个开放系统的熵变为 $dS = d_iS + d_eS$，其中，d_iS 代表系统内各种过程的熵变；d_eS 代表系统与外界进行物质与能量交换引起的熵变（熵流）。因 $d_iS \geq 0$，当 $d_eS \leq 0$ 而且系统 $dS = d_iS + d_eS \leq 0$，即系统只有出现负熵时才能由无序走向有序。

（2）远离平衡态

普里戈金曾说，非平衡是有序之源。远离平衡态是指系统内部各个区域的物质和能量分布是极不平衡的。

（3）非线性相互作用

非线性是产生系统新的性质和功能的前提。如洛伦兹方程中的非线性，使得原点由原来平衡态产生分岔，导致出现两个新的平衡点。

（4）系统的涨落

涨落是由于系统要素的独立运动或在局部产生的各种协同运动以及环境因素的随机干扰，系统的实际状态值总会偏离平均值，这种偏离及波动的幅度就叫涨落。

6.3.2　协同学

1977 年，德国科学家哈肯（H. Haken）出版了《协同作用学导论》一书，创立了协同学，主要研究系统内部各要素之间的协同机制，研究由子系统构成的系统是如何通过协作从无序到有序演化的规律。系统各要素之间的协同是自组织过程的基础，当系统处在由一种稳态向另一种稳态跃迁，系统要素间的独立运动和协同运动进入均势阶段时，任一微小的涨落都会迅速被放大为波及整个系统的巨涨落，推动系统进入有序状态。由协同导致有序的自组织过程，就是常说的"协同效应"。

6.3.3　突变论

突变论是 20 世纪 70 年代由法国数学家勒内·托姆（Rene Thom）提出的。突变论建立在稳定性理论的基础上，认为突变过程是由一种稳定态经过不稳定态向新的稳定态跃迁的过程。突变论指出系统的熵可以增加也可以减少，这种熵的变化可以在宏观无限小的时间内突然发生。突变熵的减少能够使得系统的有序性增强，可以抵消自然界某些自发的熵增趋势，促进有序性的发展。所以突变论是研究系统从一种稳定态跃迁到另一种稳定态的现象和规律的理论。

系统随着某种参数的变化发生突变，可从一种稳定状态进入不稳定状态，随参数的再变化，又由不稳定状态进入另一种稳定状态。如沙堆模型从稳定到自组织临界到崩塌再到新的稳定状态，如果外部的输入不间断，这个过程将会周而复始一直演化下去。这种系统的突变过程还可以从一种形态分岔到多种可能的状态。

在自然界和人类社会活动中，除渐变的和连续光滑的变化现象外，同样存在着大量的突然变化和跃迁现象，如水的沸腾、岩石的破裂、桥梁的崩塌、地震的发生、细胞的分裂、生物的变异、人体的休克、情绪的波动、战争的爆发、市场变化、经济危机等。突变论试图用数学方程描述这种过程。

6.3.4　混沌和分形理论

当然混沌和分形理论也是对系统走向自组织过程中在不同时空上对复杂性系统演化过程的解释和描述。"混沌"一词最初是一个哲学概念，源于古代中国的"混沌初开无所不包"。目前主要指在确定性系统中出现的"无序性"、"无规性"和"不可预测性"，是描述复杂性和不能根据初始状态预知其未来运动状态的非线性动力学理论。

最著名的描述混沌现象的科学家是美国气象学家爱德华·洛伦兹，他对大气变幻莫测的现象形容为："南美洲亚马孙河流热带雨林中的一只蝴蝶扇动翅膀，数周后可以引起美国得克萨斯州的一场飓风"。后来被形象地称为蝴蝶效应，也称为混沌现象。混沌现象是指在

第6章 自组织理论

一个非线性动力系统中,初始条件的微小变化会引起整个系统的连锁反应,最终导致不可预测的混沌结果,反映了混沌对初始条件的敏感依赖性。洛伦兹方程的混沌吸引子如图6.3所示,形似蝴蝶的翅膀,因而称其为蝴蝶效应就更加显得名副其实了。

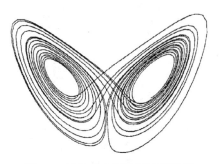

图6.3 洛伦兹方程的混沌吸引子

分形揭示了自组织过程在空间域的演化形式,如玻璃窗上结成的冰晶、漫天飞舞的雪花、凝聚扩散的模型、种子生长的菌落等自动生长的过程,都是分形结构在自组织过程中的表现。最著名的分形结构当属曼德勃罗集,如图6.4所示,也有人形象地称其为曼德勃罗佛。

沙堆模型的演示(见图6.5)与MATLAB程序如下。

图6.4 曼德勃罗集　　　　图6.5 沙堆模型

```
%sand pile
clear all
clf

nx=52; %must be divisible by 4
```

走进混沌世界

```
        ny=100;

        Pbridge = .05;

        z=zeros(nx,ny);
        o=ones(nx,ny);
        sand = z ;
        sandNew = z;
        gnd = z ;
        gnd(1:nx,ny-3)=1 ; % the ground line
        gnd(nx/4:nx/2+4,ny-15)=1; %the hole line
        gnd(nx/2+6:nx,ny-15)=1; %the hole line
        gnd(nx/4, ny-15:ny) = 1; %side line
        gnd(3*nx/4, 1:ny) = 1 ;

        imh = image(cat(3,z',sand',gnd'));
        set(imh, 'erasemode', 'none')
        axis equal
        axis tight


        for i=1:1000
            p=mod(i,2); %margolis neighborhood
            sand(nx/2,ny/2) = 1; %add a grain at the top

            %upper left cell update
            xind = [1+p:2:nx-2+p];
            yind = [1+p:2:ny-2+p];
            vary = rand(nx,ny)<.95 ;
            vary1 = 1-vary;

            sandNew(xind,yind) = ...
                gnd(xind,yind).*sand(xind,yind) + ...
                (1-gnd(xind,yind)).*sand(xind,yind).*sand(xind,yind+1) .* ...
                    (sand(xind+1,yind+1)+(1-sand(xind+1,yind+1)).*sand(xind+1,
yind));


            sandNew(xind+1,yind) = ...
                gnd(xind+1,yind).*sand(xind+1,yind) + ...
                (1-gnd(xind+1,yind)).*sand(xind+1,yind).*sand(xind+1,yind+1) .* ...
                    (sand(xind,yind+1)+(1-sand(xind,yind+1)).*sand(xind,yind));

            sandNew(xind,yind+1) = ...
```

```
            sand(xind,yind+1) + ...
            (1-sand(xind,yind+1)) .* ...
            (  sand(xind,yind).*(1-gnd(xind,yind)) + ...
               (1-sand(xind,yind)).*sand(xind+1,yind).*(1-gnd(xind+1,
yind)).*sand(xind+1,yind+1));

        sandNew(xind+1,yind+1) = ...
            sand(xind+1,yind+1) + ...
            (1-sand(xind+1,yind+1)) .* ...
            (  sand(xind+1,yind).*(1-gnd(xind+1,yind)) + ...
               (1-sand(xind+1,yind)).*sand(xind,yind).*(1-gnd(xind,yind)).
*sand(xind,yind+1));

        %scramble the sites to make it look better
        temp1 = sandNew(xind,yind+1).*vary(xind,yind+1) + ...
            sandNew(xind+1,yind+1).*vary1(xind,yind+1);

        temp2 = sandNew(xind+1,yind+1).*vary(xind,yind+1) + ...
            sandNew(xind,yind+1).*vary1(xind,yind+1);
        sandNew(xind,yind+1) = temp1;
        sandNew(xind+1,yind+1) = temp2;

        sand = sandNew;
        set(imh, 'cdata', cat(3,z',sand',gnd') )
        drawnow
    end
```

第 7 章
自然界中的涡旋现象

7.1 伯努利方程[64, 65]

伯努利方程是稳定流动的理想流体的动力学方程，它表明了沿一流线各点的压强、速度和高度三者关系的基本规律。和其他流体力学中的方程式一样，伯努利方程也是从牛顿力学推导出来的。方程的具体表达式为

$$p + \frac{1}{2}\rho v^2 + \rho gh = 常数 \tag{7.1}$$

式中，p 是压强，即作用于流体单位面积上的压力；ρ 是流体的密度；v 是流体的速度；g 是重力加速度；h 是流体所处位置的高度。

伯努利原理可以用一个简单的实验来验证。我们拿着两张纸，往两张纸中间吹气，会发现纸不但不会向外飘，反而会被一种力挤压在一起。因为两张纸中间的空气流动速度快，压力就小，而两张纸外侧的空气没有流动，压力就大，所以外侧空气就把两张纸"压"在一起了。

利用伯努利方程可以解释许多物理现象。

7.1.1 空吸原理[64]

图 7.1 表示一水平管道，管道在 A 处和 C 处的横截面积远大于 B 处的横截面积。在 A 处加一外力如用活塞推动使管中流体由 A 向 B 流动。根据连续性原理 $v\Delta S=$常数，即流管的横截面积 ΔS 与流体流速 v 的乘积等于一常量（单位时间的流量不变），可见横截面积大处流速小，横截面积小处流速大。在 B 处的流速必远大于 A 处及 C 处的流速。又因为流管是水平的，高度差 $h = 0$，伯努利方程变为

$$p_1 + \frac{1}{2}\rho v_1^2 = p_2 + \frac{1}{2}\rho v_2^2 \tag{7.2}$$

式中，p_1、v_1 分别表示 A 处的压强和流速，p_2、v_2 分别表示 B 处的压强和流速。式（7.2）说明流速大处压强小，流速小处压强大。不断加大流体的流速使得 B 处的压强小到远低于大气压强，于是容器 D 中的流体因受大气压强的作用被压到流管 B 处的管道中被流体带走。这种作用叫作空吸作用。空吸作用的应用很广，如喷雾器、水流抽气机、内燃机中的汽化器等都是根据这一原理设计制成的。

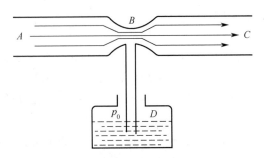

图 7.1 空吸作用原理

7.1.2 文特利流速计

文特利流速计是一种用于测量管道中流速和流量的装置，其结构如图 7.2 所示。测量时把它水平连接在水管或输油管上。为了保证稳定流动，管子缩细的地方应平缓，避免突然变化。设粗管的横截面积为 S_1，细管处横截面积为 S_2，根据伯努利方程，对于 1、2 两点，伯努利方程为

$$p_1 + \frac{1}{2}\rho v_1^2 = p_2 + \frac{1}{2}\rho v_2^2 \tag{7.3}$$

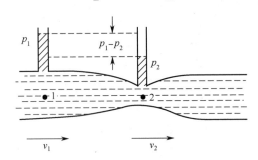

图 7.2 文特利流速计

因为 $S_1 > S_2$，由连续性定理可知 $v_2 > v_1$，所以由上式知 $p_1 > p_2$，求得

$$v_2^2 - v_1^2 = \frac{2(p_1 - p_2)}{\rho} \tag{7.4}$$

由连续性定理，$S_1 v_1 = S_2 v_2$，得到 $v_2 = \frac{S_1}{S_2} v_1$，进而求得

$$v_1 = \frac{S_2 \sqrt{2(p_1 - p_2)}}{\sqrt{\rho(S_1^2 - S_2^2)}} \tag{7.5}$$

式（7.5）就是主管中液体的流速。管中液体单位时间的流量为

$$Q = S_1 v_1 = S_1 S_2 \frac{\sqrt{2(p_1 - p_2)}}{\sqrt{\rho(S_1^2 - S_2^2)}} \tag{7.6}$$

所以只要测出压强差 $p_1 - p_2$ 以及横截面积 S_1 和 S_2，便可计算出管中液体的流速以及单位时间的流量。

7.1.3 空气流动的上举力

在静止的流体中物体会受到浮力的作用,它遵守阿基米德的浮力原理。然而在流动的流体中,由于物体本身的旋转或是物体的形状,使得物体的上下压强不同,如果物体上面流体的压强小于下面流体的压强,便会产生上举力。在稳定流动的情况下,这一效果可用伯努利原理来解释。

图 7.3 表示网球在空气中运动的情形。球无旋转地自右向左在静止的空气中运动。为便于说明,根据运动的相对性,可以认为球是静止的,而空气自左向右流动。从空气流线的对称性可以知道,在球面上下对应点的空气流速是相等的。根据伯努利方程,球面上下对应点的压强也相等,球所受的上举力为零。如果球受到拍面的摩擦力产生垂直于图面轴的逆时针旋转,那么球的运动是既转又移的平面运动。根据相对运动关系,流线相对于球面做顺时针旋转,旋转方向如图 7.3(b)所示,那么流线相对于球体的平动和绕着球体的转动合成的结果如图 7.3(c)所示。球体上面流体的速度是 $v+v_R$,而球体下面流体的速度是 $v-v_R$,球体上面的流速大于下面的流速,所以根据伯努利方程,球体下面的压强大于上面的压强,使球产生上举力。球走出弧线轨迹,即上旋球,增加对方接球的难度。乒乓球选手拉出的弧线球也是这个道理。

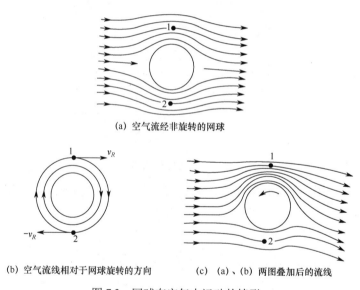

(a) 空气流经非旋转的网球

(b) 空气流线相对于网球旋转的方向 (c) (a)、(b) 两图叠加后的流线

图 7.3 网球在空气中运动的情形

同样,飞机的升力与网球升力是一个道理。飞机机翼的翼型都是经过特殊设计的,机翼形状不对称。如图 7.4 所示,当气流经过机翼上下表面时,上表面路程要比下表面长,气流在上表面的流速要比在下表面的流速快。若设 p_1 和 v_1 分别表示机翼上表面流体的压强和速度,p_2 和 v_2 分别表示机翼下表面流体的压强和速度,根据伯努利原理,$\frac{1}{2}\rho v_1^2 + \rho g h + p_1 = \frac{1}{2}\rho v_2^2 + \rho g h + p_2$,消去 $\rho g h$,得到与式(7.2)相同的公式 $\frac{1}{2}\rho v_1^2 + p_1 = \frac{1}{2}\rho v_2^2 + p_2$,

因为 $v_1 > v_2$，所以得到 $p_1 < p_2$。也就是下表面的压强大于上表面的压强，由此产生压强差，这个压强差就是飞机的升力。当飞机速度越来越快，压强差也越来越大，升力也会越来越大，加之机翼设计有较小的迎角，最后使得飞机能够顺利起飞。

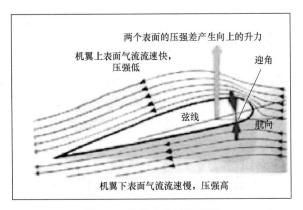

图 7.4　机翼上升的流线图

7.2　层流、湍流和涡旋[9, 64, 65]

以上讨论中，把流体作为不可压缩的、没有黏滞性的所谓理想流体来考虑。事实上，一切实际流体都或多或少地带有黏滞性。黏滞性流体以较小的速度流动，且流体质点的轨迹是有规则的光滑曲线（最简单的情形是直线），即流体分层流动，互不混合，这种流动称为层流。当流速增大层流被破坏时，流体做不规则运动，这样的流动称为湍流。由层流转变为湍流不仅与流体的速度 v 有关，而且还和流体的密度 ρ、管道的半径 r 及流体的黏性系数 η 有关。奥斯本·雷诺（Osborne Reynolds）经过系统的实验，提出用雷诺数 R 来表征它们之间的关系，即

$$R = \frac{\rho v r}{\eta} \tag{7.7}$$

式中，R 是没有量纲的量。一般地说，r 表示流体流经物体的大小，如球体的半径、渠道的深度、管子的半径等。根据不同情况，R 小于某一值时，流动是稳定的层流，R 大于某一值时，流动将过渡到湍流。对于内壁光滑的直管来说，当 $R < 1000$ 时，流动是稳定的层流；当 $R > 2000$ 时，流体的流动成为湍流；当 $1000 \leqslant R \leqslant 2000$ 时，流体的运动处在过渡状态，虽然可能保持层流，但是很不稳定，稍有外界干扰就会变为湍流，R 越大，流动越不稳定。

雷诺数在流体力学中具有十分重要的意义。从相对运动关系看，流体静止，固体在流体中运动或固体静止，流体流过固体，其相互作用效果是一样的。例如，船舶在水中航行可以转化为水流流过静止的船舶问题，飞机在空中飞行可以转化为空气流过不动的飞机问题。为了便于在水力实验室或风洞实验室进行实验，常利用固定的船舶或飞机模型，让水流或气流以各种速度通过模型以实现模拟实验。在这样的模拟实验中，必须满足相似性实验的条件，即

$$\frac{\rho v r}{\eta} = \frac{\rho' v' r'}{\eta'} \tag{7.8}$$

等号左边是实际的条件,等号右边是对于模型实验所用的物理量的数值。例如,对于飞机的实验,空气的 ρ 和 η 是没有明显变化的,模型的参数(如机翼的宽度、厚度、面积等)缩小多少倍,风洞中气流的速度就应该比飞行速度增大多少倍。

7.3 流体涡旋是怎样形成的[64, 65]

自 1883 年雷诺发现湍流流动现象以来,关于湍流发生的机理、湍流的结构,以及湍流流动基本规律的研究,一直是一百多年以来流体力学和传热学家们所关注的重大课题。

湍流是一种高度复杂的三维非稳态、带旋转的不规则流动。在湍流中流体的各种物理参数,如速度、压强、温度等都随时间与空间发生随机的变化,具有混沌形态。从物理结构上说,可以把湍流看成由各种不同尺度的涡旋叠合而成的流动,是具有多尺度特征的自相似结构。大尺度的涡旋主要是由流动的边界条件所决定的,其尺寸可以与流场的大小相比拟,是引起低频脉动的原因;小尺度的涡旋主要是由黏滞力所决定的,其尺寸可能只有流场尺度的千分之一量级,是引起高频脉动的原因。大尺度的涡旋破裂后形成小尺度涡旋,较小尺度的涡旋破裂后形成更小尺度的涡旋。因而在充分发展的湍流区域内,流体涡旋的尺度可在相当宽的范围内连续地变化。大尺度的涡旋不断地从主流获得能量,通过涡旋间的相互作用,能量逐渐向小的涡旋传递。最后由于流体黏性的作用,小尺度的涡旋逐渐消失,机械能转化为流体的热能。周而复始,新的涡旋又不断产生,这就构成了湍流运动。所以近代力学的奠基人之一、空气动力学家屈西曼(D. Küchemann)曾经说过:"涡旋是流体运动的肌腱。"

那么涡旋是怎样形成的呢?涡旋的形成过程可以通过图 7.5 和图 7.6 所示定性地说明。

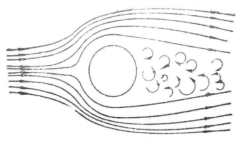

图 7.5 涡旋的形成

图 7.6 遇到障碍物后的涡旋

当流体通过图 7.5 和图 7.6 所示的圆柱体时,在理想流体情形下,流线相对于圆柱体是对称的。流体从左向右流经圆柱体时,在圆柱体前后两端点流速等于零,压强最大。在圆柱体上下两端点速度最大,压强最小。当流体经过圆柱体上下两端加速流到圆柱体后端时,因为后面压强大,所以流速下降,再加之流体黏性导致的内摩擦力等对能量的消耗,速度会降到零。这样由于后面压强大,使得流体质点非但不进反而往回流动。回流的流体和前进的流体相遇,就回旋起来,形成涡旋。涡旋逐渐增多、增大而将主流推开,形成图 7.6 尾端所示的样子。最后涡旋被流体带走,新的涡旋又代之而起。如果把圆柱体看成相对运动的物体,涡旋形成之后,在圆柱体前后会产生很大的压差,使运动物体的阻力增大。当运动物体的速度不大时,因涡旋而产生的阻力与速度的平方成正比,若物体的速度近于这个介质中的声速时,阻力与速度的立方成正比。因此,涡旋的产生伴随着机械能的耗损,从而使物体(飞机、船舰、车辆、汽轮机、水轮机等)增加流体阻力或降低其机械效率。制造船舶、高铁、飞机和高速汽车时,要使它们具有某种流线形式,就是为了尽可能地避免涡旋的形成。

7.4 涡旋的分形结构[13]

从物理结构上看,可以把湍流看成由各种不同尺度的涡旋叠合而成的流动,是具有多尺度特征的自相似结构。大尺度的涡旋破裂后形成小尺度的涡旋,较小尺度的涡旋破裂后形成更小尺度的涡旋,大涡旋中含有小涡旋。假设涡旋的结构如图 7.7 所示,即有的地方并不形成涡旋。假如最初是一个单位正方形的方形涡旋,它被分成边长为 1/2 的 3 个小涡旋,留下一个空格中没有涡旋。而 3 个小涡旋的每一个又分成边长为 1/4 的 3 个更小的涡旋,照此下去,就形成一个湍流涡旋的串级(cascade)图像。

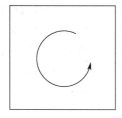 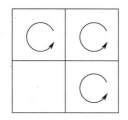 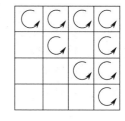

图 7.7 涡旋的结构

这是一个自相似结构,为了求其分维数 D,将小正方形每边同时扩大 2 倍,则扩大后的大正方形的面积是小正方形面积的 4 倍,然后再减去一个小正方形,这时扩大后的大正方形的面积就是小正方形面积的 3 倍,于是,$l=2$,$N=3$,这样可求出涡旋图形的分维数为

$$D = \frac{\ln N}{\ln l} = \frac{\ln 3}{\ln 2} = 1.58496 \tag{7.9}$$

如果小涡旋充满整个空间,则扩大后的大正方形的面积就是小正方形面积的 4 倍,这时分维数为

$$D = \frac{\ln N}{\ln l} = \frac{\ln 4}{\ln 2} = \frac{2\ln 2}{\ln 2} = 2 \tag{7.10}$$

显然是平面的维数。在湍流运动中,流体中含有大量不同尺度的涡旋,涡旋具有统计意义上的分形结构。

7.5 自然界中的涡旋现象[66-73]

在浩瀚无垠的大千世界中,大到宇宙空间的涡旋星系,是大自然中尺度最大的涡旋,其尺度以光年计;中到大气和海洋环流,以千米计;小到涨潮中的涡旋,以米计;微到液氦中的量子涡旋,以纳米计。大无其外,小无其内,涡旋是普遍存在的物理现象。

7.5.1 涡旋星系[66, 67]

自 1990 年 4 月 24 日哈勃空间望远镜（Hubble Space Telescope，HST）发射以来，开辟了揭开宇宙神秘面纱的新纪元。哈勃空间望远镜是以美国天文学家爱德温·哈勃的名字命名的。它是位于地球大气层之上的光学望远镜。为了追溯更深远的宇宙历史，法国当地时间 2021 年 12 月 25 日，在法属圭亚那库鲁基地发射了韦伯太空望远镜。韦伯望远镜的全称叫詹姆斯·韦伯空间望远镜（James Webb Space Telescope，JWST），是以 NASA（美国国家航空航天局）已故局长詹姆斯·韦伯的名字命名的。哈勃望远镜在大约 570 千米的高度绕地球运行，是针对可见光进行观测的。韦伯望远镜则是部署在距离地球大约 150 万千米的第二拉格朗日点（L2）上。L2 点位于日地连线延长线的背面，相对地球静止且做半径更大的绕日运动，如图 7.8 所示。在宇宙中，大多数天体在远离我们，因此当它们发出的光穿越遥远的星际空间到达地球时，波长会变长，即发生红移现象。红移越大，表示距离越远。韦伯望远镜正是利用红移现象来观测宇宙深空中的星系的。然而，红外线望远镜容易受到干扰，因为所有物体都会发出红外线，包括地球和太阳。为此，韦伯望远镜被放置在围绕 L2 点的日晕轨道上运动，这样既可以使韦伯望远镜尽量避免太阳光、地球及月亮的干扰，获得更清晰的观测结果，又能为太阳能电池板提供能量。在这个位置可以最大限度地提高韦伯望远镜运行的稳定性并增加其使用寿命。由于宇宙红移现象将恒星光谱移动到红外波长的深处，韦伯望远镜能够观察到更早期更深远的宇宙历史。

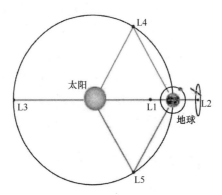

图 7.8 放置在 L2 点的韦伯望远镜示意图

通过哈勃望远镜和韦伯望远镜传回了大量宇宙星系的照片[67]，这一张张美丽壮观的图像，让我们充满了无限的遐想和好奇，现代科学似乎把我们送到了窥视宇宙的另一个时空，让我们看到浩瀚深远的宇宙景象，如图 7.9 所示。我们的太阳系处在银河系当中，而银河系属于本星系群。根据天文望远镜的观测和科学家的研究，发现在本星系群中约有 50 个星系，其中最大的星系是仙女座星系（图 7.10），其次为银河系（图 7.11），排在第三的是三角座星系（图 7.12）。仙女座星系是一个巨大的涡旋星系，距离地球约为 254 万光年，它的直径约为 22 万光年。在这个庞大的星系中，蕴含了约 1 万亿颗恒星和数万亿颗行星。每一个恒星至少有一颗行星，我们不知道这些行星是否也像地球一样孕育出了生命。在本星系群中第二大的星系是银河系，银河系的直径约为 10 万光年，里面包含了 2000 亿颗到 4000

亿颗恒星。我们的太阳就处在银河系的猎户旋臂上，距离银河系中心约 2.5 万光年。在银河系中，像太阳系中的八大行星这样的行星有数万亿颗，而这个和宇宙相比小若一粒微尘的蓝色星球是我们全人类在宇宙中唯一的家园，它显得是那样的美丽无比和孤独无助。本星系群中排名第三的星系是三角座星系，它是一个螺旋星系，直径约为 6 万光年，距离地球约 300 万光年。或许在仙女座星系和三角座星系中也有外星文明在观测着我们的银河系，但就目前而言，这也只能是"猜想"或"推测"而已。

这些图像使我们感受到宇宙的浩瀚苍茫和人类的渺小脆弱，能够深深地刺痛我们的心灵，启迪我们的认知，让我们得以从灵魂深处懂得对宇宙的敬畏和感恩人类的幸运。

图 7.9　韦伯发回的遥远星系照片

图 7.10　仙女座星系图

图 7.11　银河系全景图

图 7.12　三角座星系图

许多美妙的涡旋星系照片（见图 7.13、图 7.14、图 7.15），美轮美奂，令人叹为观止，这也说明了涡旋状态是星系存在的常态之一。

图 7.13　大熊座的涡旋星系

图 7.14　猎犬座的涡旋星系

 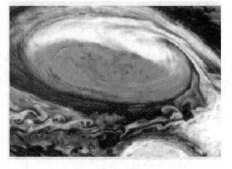

(a) 太阳的日珥，形成了特殊的涡旋　　　　　(b) 木星表面类似涡旋的大红斑

图 7.15　太阳的日珥和木星表面的大红斑

7.5.2　幸运的地球

从相对论来说，太阳系围绕着银河系旋转，银河系就是一个大涡旋，而八大行星及其柯伊伯带中的众多小行星围绕着太阳旋转，太阳系就是一个相对小的涡旋，月亮绕着地球旋转则是更小的涡旋。大涡旋中包含着小涡旋，这是一个天文学概念上的多尺度系统。从统计意义上讲，银河系也是具有分形特征的结构。宇宙充满了分形结构。或许分形就是打开宇宙密码的钥匙，也许分形就是宇宙的密码。

宇宙中可见物质仅占 4.9%，暗物质占了 26.8%，暗能量占了 68.3%，也就是说有 95% 是以暗能量和暗物质的形式存在的，我们既看不见也感觉不到。可见宇宙之大，大无其外，我们对宇宙的认知还如同襁褓中的婴儿一般。

宇宙中约有 2000 亿个像银河系这样的星系，在我们的银河系中有 2000 亿到 4000 亿个像太阳系这样的恒星。而在太阳系里面太阳的质量占了太阳系总质量的 99.86%，八大行星及其他小行星带质量的总和不到 0.2%，其中仅木星的质量就是其余行星质量总和的 2.5 倍，可见地球是那么的渺小。从银河系的角度来看，地球就是一粒"沙子"。然而这一粒"沙子"却幸运地处在了太阳系的宜居带内，而且大质量的木星就像一个守护神一样保护着这个形似孤独弱小的地球兄弟，再加之月球的加持，使地球安然无恙地漂浮在宇宙空间。并且地球强大的磁场也无时无刻不在保护着地球免受太阳辐射的伤害，如图 7.16 所示。地球自转轴的倾斜（倾斜度 23.5 度），随着地球的公转和自转运动，形成了春夏秋冬四季轮回，使得地球上不同地区的万物沐浴着太阳的光辉，享受着大自然免费提供的阳光和空气。这样无与伦比的天然环境才使得我们的地球能够孕育着各种生命，使得人类得以生存与发展。

宇宙之妙，妙不可言。偌大个宇宙，从概率论的角度推测应该存在很多像地球一样有生命的星球，然而宇宙太过浩瀚，时至今日还未曾发现第二个存在生命的星球，唯有地球。从这个意义上讲实在是一个小概率事件。人类幸运地登上了地球生命的顶端，这是小概率中的小概率事件，是幸运中的幸运，要有多么高的造化才能得到。所谓"三生有幸，百年修为"是远远不够的。我们从三维空间观看二维平面上的蚂蚁打架觉得无趣，那么，如果有更高维的文明存在，他们又会怎样看待我们呢？敬畏宇宙的造化，感恩地球的幸运，共同维护地球的和谐，保护我们唯一的家园才是人类真正需要深入思考的根本问题。

图 7.16　地球磁场示意图

7.5.3　台风[68]

台风是尺度相当大的流体涡旋。台风发源于热带海面，那里温度高，大量的海水被蒸发到了空中，形成一个低气压中心。随着气压的变化和地球自身的转动，流入的空气也旋转起来，形成一个逆时针旋转的空气涡旋，这就是热带气旋。只要气温不下降，这个热带气旋就会越来越强大，最后形成的台风如图 7.17 至图 7.20 所示。飓风和台风都是指风速达到 33 米/秒以上的热带气旋，其半径可达数百千米。只是因发生的地域不同，才

图 7.17　卫星拍到的洋面上生成的两个热带气旋

图 7.18　登陆美国的塔拉斯飓风

图 7.19　登陆我国的台风"烟花"

图 7.20　南太平洋的飓风"尤特"

有了不同名称。生成于西北太平洋和我国南海的强烈热带气旋被称为台风，生成于大西洋、加勒比海及北太平洋东部的则称为飓风，而生成于印度洋、阿拉伯海、孟加拉湾的则称为旋风。

台风的好处是带来雨水、驱散热量，凭借其巨大的能量流动使地球保持着热平衡，创造出适宜人类生存的大环境，使人类能够安居乐业，生生不息。同时台风的危害巨大。台风时速可达 200 千米以上，这巨大的能量，所到之处，摧枯拉朽，破坏力极强，造成大量人员伤亡和财产损失。因此气象部门已将每年发生的热带气旋编号并命名来进行观测和预报。

7.5.4　龙卷风[69]

龙卷风是一种少见的小尺度、突发性的强对流天气，是在强烈的不稳定天气状况下出现的一种风力极强而范围不大的涡旋，状如漏斗，风速极快，破坏力超强。所到之处，片甲不留，对人们的生活构成很大威胁。龙卷风的平均直径为 200～300 米，直径最小的不过几十米，只有极少数直径大的才达到 1000 米以上。它的持续时间也很短，往往只有几分钟到几十分钟，最多不超过几小时。其移动速度平均每秒 15 米，最快的可达 70 米/秒，移动路径的长度大多在 10 千米左右，短的只有几十米，长的有几百千米以上。它造成破坏的地面宽度，一般有 1～2 千米。

龙卷风上端与雷雨云相接，下端有的悬在半空中，有的直接延伸到地面或水面，一边旋转，一边向前移动，远远看去，就像吊在空中的一条巨龙。若龙卷风发生在海上，犹如"巨龙吸水"，翻江倒海，称为"水龙卷"（waterspout，或称"海龙卷"），如图 7.21 所示；出现在陆地上，尘土飞扬，掀起房屋、推倒树木、卷走车辆，称为"陆龙卷"（landspout），如图 7.22 所示。世界各地的海洋和湖泊等都可能出现水龙卷。在美国，水龙卷通常发生在美国东南部海岸，尤其在佛罗里达南部和墨西哥湾。

(a) 海上的水龙卷

(b) 湖上的水龙卷

图 7.21　水龙卷

龙卷风旋转中外圈空气的速度远高于内圈，根据伯努利原理，内圈向外的压力远高于外圈空气的径向阻力，整个结构向外挤压，中间形成相对真空状态，产生虹吸现象。在海上或湖面会出现"龙吸水",在陆地上则会将物体或车辆卷到空中。大有"山雨欲来风满楼,黑云压城城欲摧"之势,龙卷云如图 7.23 所示。

(a) 草原上的陆龙卷　　　　　　　　　　　(b) 村庄的陆龙卷

图 7.22　陆龙卷

图 7.23　龙卷云

7.5.5　沙尘暴[70]

沙尘暴(Sand-dust Storm)是沙暴(Sand Storm)和尘暴(Dust Storm)两者兼有的总称。沙尘暴常发生在干旱缺水的沙漠地区,一旦形成后波及面积很广,持续时间很长,动辄数日不停,破坏农作物生长,污染自然环境,我国西北地区尤为严重。沙尘暴在成形之前,在沙漠边缘空旷的戈壁滩上常常可以看见一个又一个小小的龙卷风从无到有,平地而起,然后自动地汇聚到一起,由小涡旋运动聚集成大涡旋,最后形成巨大的风暴,同步向前推进。经过沙漠,卷起沙尘,黑浪翻滚,遮天蔽日,如图 7.24 所示,大风过后仍然黄沙满天,数日不散,给经济建设和人民生命财产安全造成严重的危害。沙尘暴如图 7.24 和图 7.25 所示。

(a) 青海格尔木2010年5月14日遭受沙尘暴，最小能见度200米
(b) 2001年美国航空航天局的卫星在亚洲上空拍摄到的沙尘暴涡旋

图 7.24　沙尘暴

图 7.25　沙尘暴过后的漫天黄沙

7.5.6　机翼翼尖的涡旋

在 7.1.3 节已经介绍了飞机能够升空的原理，飞机机翼的翼型是经过特殊设计的，机翼形状不对称。如图 7.26 所示，当气流经过机翼上下表面时，机翼上表面气流流速快，压强低，气流在下表面的流速慢，压强高。上下表面的压强差就是举起飞机的上升力。

图 7.26　机翼上升的流线图

然而气流在机翼尖部产生的涡旋却是阻碍飞机上升的阻力，这是需要想办法避免的。那么，为什么飞机飞行过程中会产生翼尖涡呢？前已述及，飞机的翼面设计都是利用伯努利原理，使流经上表面的流体流速快、压强低，因而产生向上的升力。由于下翼面的压强比上翼面高，在上、下翼面压强差的作用下，下翼面的气流就绕过翼尖流向上翼面，这样就使下翼面的流线由机翼的翼根向翼尖倾斜，而上翼面的流线则由翼尖偏向翼根，但到了翼面尖端的地方，由于再也没有翼面的分隔，使得下方的高压气流循着翼尖往上滚卷流动

到较低压的翼面上侧，于是形成了一种螺旋式的涡旋运动，翼尖涡就这样产生了，如图 7.27 和图 7.28 所示。

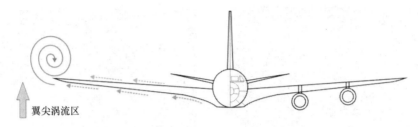

图 7.27　飞机机翼翼尖涡示意图

(a) 飞机着陆时翼尖处的涡旋

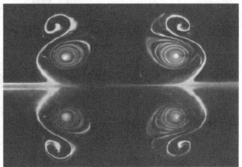

(b) 翼尖涡

图 7.28　飞机机翼翼尖涡

翼尖涡不仅会产生"诱导阻力"减小升力，还会在尾迹留下一对很强的涡旋，如图 7.29 所示。对周围流场起到强烈的速度诱导作用，危害其他飞机的飞行安全。

为了减小翼尖涡，设计师通过增大展弦比，使机翼变得细长，可以减少受翼尖涡影响区域的比例，降低诱导阻力；同时通过在机翼翼梢处增加一个几乎垂直于机翼的小翼，如图 7.30 所示，可以有效阻止翼尖涡的产生。

图 7.29　飞机尾迹涡旋

图 7.30　机翼的小翼

7.5.7　日常生活中的涡旋[66]

在日常生活中也经常会遇到各种各样的涡旋，如在小河转弯处水流遇到障碍时出现的涡旋，如图 7.31 所示；肥皂膜上泛起的涡旋涟漪如图 7.32 所示；放掉家里澡盆里洗澡水时在澡盆出水口看到的澡盆涡；在高层楼房底部感觉到的马蹄涡；以及在两个同轴旋转圆筒间出现的泰勒涡，等等。图 7.33 是利用分形原理设计并由计算机递归迭代产生的一种分形图形，呈涡旋状且具有无穷嵌套的自相似结构，看上去十分美妙而又有些魔幻。

图 7.31　河流拐弯处的涡旋

图 7.32　肥皂膜上泛起的涡旋涟漪

图 7.33　具有分形结构的涡旋图形

第 8 章
混沌的展望

8.1 牛顿的经典力学

1687 年，伟大的牛顿（Newton）出版了他的巨著《自然哲学的数学原理》，建立了以机械运动的三大定律和万有引力定律为代表的经典力学理论体系。这个理论简单而且精确，如果已知初始条件，科学家对地面物体的各种复杂运动和太阳系内各个天体的长短周期运动都可以做出准确的预测，包括落体运动，弹道曲线，波的传播，光的折射，海洋潮汐，流体运动，行星轨道，彗星的行踪，日食、月食何时发生等。牛顿力学的方法使得 17、18 世纪的科学家和哲学家一致接受决定论观点：认为宇宙是一个巨大的"时钟"，由初始的位置和动量可准确预测宏观物体和微观物体的将来。因为牛顿力学的核心是牛顿第二定律，它是一个二阶微分方程，这个方程的解，即物体的运动轨道，完全由两个初始条件唯一地决定。也就是说，只要知道了物体在某一时刻的运动状态以及作用于这个物体外部的力，就可以准确地确定这个物体以往和未来的全部运动状态。例如知道一个物体运动的初速度 v_0 和加速度 a，这个物体任意时刻的位置 x 由牛顿运动学公式 $x = v_0 t + \frac{1}{2}at^2$ 就可以唯一地确定下来。再如图 8.1 所示的动力学系统，为一单自由度受迫振动系统。设其激振力为 $x(t)$，输出位移为 $y(t)$，则由牛顿第二定律可建立其运动微分方程为

$$m\frac{\mathrm{d}^2 y(t)}{\mathrm{d}t^2} + c\frac{\mathrm{d}y(t)}{\mathrm{d}t} + ky(t) = x(t) \tag{8.1}$$

这是一个二阶常系数线性微分方程。式中，m 是物体的质量，c 是系统的阻尼，k 是弹簧刚度。

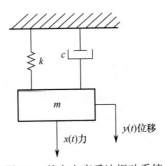

图 8.1 单自由度受迫振动系统

令 $\omega_n = \sqrt{\dfrac{k}{m}}$ 为系统的固有频率；$\zeta = \dfrac{c}{2\sqrt{km}}$ 为系统的阻尼比；$S = \dfrac{1}{k}$ 为系统的灵敏度，则式（8.1）变为

$$\frac{d^2 y(t)}{dt^2} + 2\zeta\omega_n \frac{dy(t)}{dt} + \omega_n^2 y(t) = S\omega_n^2 x(t) \tag{8.2}$$

若激励 $x(t) = \sin\omega t$ 时，式（8.2）的解可以表达为

$$y(t) = B e^{-\zeta\omega_n t} \sin(\omega_n\sqrt{1-\zeta^2}\, t + \theta) + A(\omega) S \omega_n^2 \sin[(\omega t + \varphi(\omega)] \tag{8.3a}$$

式中

$$B = \sqrt{y_0^2 + \left(\frac{\dot{y}_0 + \zeta\omega_n y_0}{\omega_n\sqrt{1-\zeta^2}}\right)^2}, \quad \tan\theta = \frac{y_0 \omega_n \sqrt{1-\zeta^2}}{\dot{y}_0 + \zeta\omega_n y_0} \tag{8.3b}$$

$$A(\omega) = \frac{1}{\sqrt{\left[1-\left(\dfrac{\omega}{\omega_n}\right)^2\right]^2 + 4\zeta^2\left(\dfrac{\omega}{\omega_n}\right)^2}}, \quad \varphi(\omega) = -\arctan\frac{2\zeta\dfrac{\omega}{\omega_n}}{1-\left(\dfrac{\omega}{\omega_n}\right)^2} \tag{8.3c}$$

可见，对于这样一个决定论系统，输入是周期性信号，输出也是周期性信号。只要初始条件 y_0 和 $\dot{y}_0$ 给定，系统任意时刻的位置 y 和运动的速度 $v = \dfrac{dy}{dt}$ 都可以唯一地确定下来。式（8.3a）等号右边第一项是受阻尼控制的衰减振动，第二项是与激励 $x(t)$ 同频率的稳态响应。

再如图 8.2（a）所示，求解在 xOy 平面上，当一个质点在重力作用下沿着曲线弧 OP_1 从 O 点（坐标原点）滑到 $P_1(x_1, y_1)$ 点时，走什么样的曲线所需的时间 T 最小？这样的曲线叫作最速下降线。

由图示关系，根据机械能守恒定律，可建立其动力学方程如下

$\dfrac{1}{2}mv^2 = mgy$，故 $v = \sqrt{2gy}$，且 $\dfrac{ds}{dt} = v$，故 $dt = \dfrac{ds}{v} = \dfrac{\sqrt{(dx)^2+(dy)^2}}{\sqrt{2gy}} = \dfrac{\sqrt{1+\dot{y}^2}}{\sqrt{2gy}} dx$，积分得到泛函方程为 $T = \int_0^T dt = \int_0^{x_1} \dfrac{\sqrt{1+\dot{y}^2}}{\sqrt{2gy}} dx$，解这个方程得到

$$x = \frac{C_1}{2}(\theta - \sin\theta) + C_2$$

$$y = \frac{C_1}{2}(1 - \cos\theta)$$

当 $\theta = 0, x = y = 0$，$C_2 = 0$，令 $\dfrac{C_1}{2} = R$，得到

$$\begin{aligned} x &= R(\theta - \sin\theta) \\ y &= R(1 - \cos\theta) \end{aligned} \tag{8.4}$$

可见最速下降线就是摆线（旋轮线），只要 R 和 θ 给定，摆线轨迹就唯一确定，如图 8.2（b）所示。

两个质量相同的小球,在同一高度同时出发,按照旋轮线设计的路径上的小球,运动速度是最快的,如图 8.2(c)所示,可以看到平坦的路其实是最慢的一条。人生的轨迹大概率也是遵循这样的规律。在平坦的道路上,不经历跌宕起伏就要想超越别人是不可能的,只有在坎坷不平的道路上,不畏艰辛的人方能较快地达到事业的高峰,实现人生的价值。这样一个简单的物理实验,却蕴含着深刻的哲学意义。

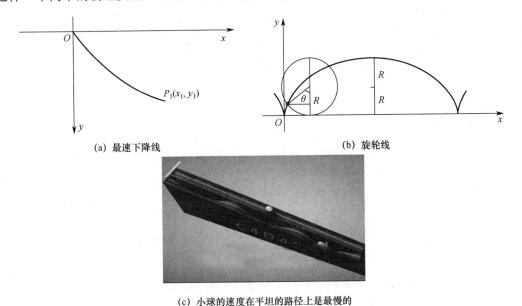

(a) 最速下降线　　(b) 旋轮线

(c) 小球的速度在平坦的路径上是最慢的

图 8.2　摆线轨迹图

对牛顿经典确定论的信心,充分体现在 1812 年法国科学家拉普拉斯(Laplace)关于一个高超"智者"的设想上。拉普拉斯写道:"假设有一位智者,它能知道在任一给定时刻作用于自然界的所有的力以及构成世界的一切物体的位置。假定这位智者的智慧高超到有能力对所有这些数据做出分析处理,那么它就能将宇宙中最大的天体和最小的原子的运动包容到一个公式中。对于这个智者来说,再没有什么事物是不确定的了,过去和未来都历历在目地呈现在他的面前。"拉普拉斯的设想实际上是提出了一个令人敬畏的命题:整个宇宙中物质的每一个粒子在任一时刻的位置和速度,完全决定了它未来的演化。宇宙沿着唯一一条预定的轨道演变,既不存在混沌,也不存在随机性。

然而洛伦兹的蝴蝶效应作为典型的混沌现象,说明了任何事物的发展不仅存在着一定的规律和定数,也存在着因初始条件的微小变化而导致系统状态难以琢磨的不可预测性。在自然界与日常生活中到处存在着各种各样的混沌现象,如空气流动、沙堆模型、生物结构、股市变化等。例如,对人类的脑电波进行研究后,发现癫痫患者发病时的脑电波呈现明显的周期性,而正常人的脑电波更接近貌似随机的混沌信号。

混沌现象的发现打破了牛顿力学建立的决定论体系,形成了确定性运动、随机性运动和混沌运动三种基本的运动状态。混沌理论在确定论和随机论之间架起了一座桥梁。人们把混沌理论认为是与相对论和量子理论一起在 20 世纪科学的三个重大发现。

8.2 爱因斯坦的相对论力学[74-76]

相对论是关于时空和引力的理论，由爱因斯坦创立，依其研究对象的不同可分为狭义相对论和广义相对论。两者的区别在于所讨论的问题是否涉及引力（弯曲时空）。狭义相对论只涉及那些没有引力作用或引力作用可以被忽略的研究对象，而广义相对论是讨论有引力作用时的物理学现象。

相对论和量子力学的提出给物理学带来了革命性的变化，它们共同奠定了现代物理学的基础。

8.2.1 狭义相对论

狭义相对论是爱因斯坦于1905年提出的。狭义相对论建立在两个基本假设上，即

（1）光速不变原理。真空中的光速与光源或接收器的运动无关，在各个方向都等于一个常量c，即c约等于30万千米/秒。就是说，在相对于光源做匀速直线运动的一切惯性参考系中，所测得的真空的光速都是相同的。

（2）相对性原理。在彼此做匀速直线运动的一切惯性参考系中，物理学定律是相同的。或者说，任何运动对一切惯性参考系而言，其运动状态是完全一样的。

狭义相对论的这两个基本假设，构成了狭义相对论的基础，并为实验所证明。由这两个原理出发，可以推论出狭义相对论的全部内容。狭义相对论的几个重要公式如下：

$$l = l_0 \sqrt{1 - \frac{v^2}{c^2}} \tag{8.5}$$

式中，l是运动长度，l_0是原始长度，式（8.5）代表了运动长度和原始长度的关系，运动中的长度会随着运动速度的增长而收缩；

$$t = t_0 \sqrt{1 - \frac{v^2}{c^2}} \tag{8.6}$$

式中，t是运动时间，t_0是初始时间，式（8.6）代表了运动时间和初始时间的关系，时间变慢；当运动速度接近光速时，运动的时间会趋于无穷小，也就是时间会变得特别慢。

$$m = \frac{m_0}{\sqrt{1 - \frac{v^2}{c^2}}} \tag{8.7}$$

式中，m是运动质量，m_0是原始质量，式（8.7）代表了运动质量和原始质量的关系，质量增大；当运动速度接近光速时，质量会趋于无穷大。

$$E = mc^2 = \frac{m_0 c^2}{\sqrt{1 - \frac{v^2}{c^2}}} \tag{8.8}$$

式（8.8）表示能量和质量的关系，叫质能方程，这是狭义相对论的重大成就之一。它反映了物质的两个基本属性，即质量和能量之间是不可分割的，世界上没有脱离质量的能量，也没有脱离能量的质量。

中国有一个古代的神话故事，说的是有一个樵夫去山上砍柴，看到有几位仙风道骨的人正在下棋，他就不由自主地看了半天，回到家后竟然没有人认识他，原来地上已经过去了几百年了。有句俗语叫作"山上方七日，人间几千年"。

科学界有一个孪生子佯谬的故事，反映了旅行者乘坐接近光速的飞船，时间是如何变慢的。在相对论中每位观察者都具有自身的时间测度，这样就会导致所谓的孪生子佯谬。孪生子中的一位 A 乘坐接近光速的飞船进行空间航行，而孪生子 B 留在地球上。从地面上的孪生子看，在航天飞船上的时间流逝得更慢，这样在航天飞船上的孪生子 A 返回地面时发现他的兄弟 B 显得比他更衰老。虽然这似乎与常识相矛盾，但是相关实验已经证明在这个场景中旅行的孪生子确实显得更年轻一些，如图 8.3 所示。

狭义相对论看上去很有趣，但他还是处于牛顿和拉普拉斯的决定论范畴，只要给定初始条件，这个事件的过去和将来都是可以确定的，不存在不确定性，自然也不会产生混沌运动。

图 8.3 孪生子佯谬

8.2.2 广义相对论与混沌

广义相对论是爱因斯坦于 1916 年发表的用几何语言描述的引力理论[74]，它代表了现代物理学中引力理论研究的最高水平。广义相对论是将经典的牛顿万有引力定律包含在狭义相对论的框架中，并在此基础上应用等效原理而建立的。在广义相对论中，引力被描述为时空的一种几何属性（曲率）；而这种时空曲率与处于时空中的物质与辐射的能量——动量张量（简称能动张量）直接相关，其关联方式即爱因斯坦的引力场方程（一个二阶非线性偏微分方程组）。

广义相对论也有两个基本假设：

(1) 等效原理：在处于均匀的恒定引力场影响下的惯性系，所发生的一切物理现象，可以和一个不受引力场影响的，但以恒定加速度运动的非惯性系内的物理现象完全相同。也就是说，在有引力场的情况下，只要用一个均匀加速的坐标系代替原来的惯性系，物体在引力场中的行为就好像没有在引力场中一样。

牛顿第二定律 $F = ma$（F 代表外力，m 是物体的惯性质量，a 代表物体运动的匀加速度），说明物体运动的加速度与外力成正比。若用在地球的引力场中，引力就等于引力质量与引力场强度[74]的乘积。因为物体的引力质量等于其惯性质量，所以这个引力场强度实际上就是由引力引起的重力加速度。换言之，引力场可以等效为匀加速度。只要将原惯性系改为匀加速度非惯性系，就可以等效引力场的存在，使引力场方程变为几何方程。对于地球引力场而言：引力质量等于惯性质量，引力场强度等于重力加速度。

(2) 广义相对性原理：所有非惯性系和有引力场存在的惯性系对于描述物理现象都是等价的，也就是物理定律的形式在一切参考系中都是不变的。

经过这样处理，引力的作用被"几何化"，其动力学方程变为与引力无关的测地线方程。而万有引力定律也代之为爱因斯坦场方程[74-76]

$$G_{\mu\nu} = R_{\mu\nu} - \frac{1}{2} R g_{\mu\nu} = \frac{8\pi G}{c^4} T_{\mu\nu} \tag{8.9a}$$

其中度规张量

$$g_{\mu\nu} = \begin{bmatrix} g_{00} & g_{01} & g_{02} & g_{03} \\ g_{10} & g_{11} & g_{12} & g_{13} \\ g_{20} & g_{21} & g_{22} & g_{23} \\ g_{30} & g_{31} & g_{32} & g_{33} \end{bmatrix} \tag{8.9b}$$

且

$$g_{\mu\nu} = g_{\nu\mu}, \quad T_{\mu\nu} = T_{\nu\mu}, \quad R_{\mu\nu} = R_{\nu\mu} \tag{8.9c}$$

式 (8.9a) 中，$G_{\mu\nu}$ 代表爱因斯坦张量，$R_{\mu\nu}$ 代表里奇（Ricci）张量（反映时空的弯曲程度），R 代表里奇曲率标量；$T_{\mu\nu}$ 为能动张量（$\mu, \nu = 0, 1, 2, 3$），G 为万有引力常数，$g_{\mu\nu}$ 是二阶对称协变张量，称为度规张量，简称度规，用于描述时空的几何性质。可见爱因斯坦方程中的张量是由 4×4 矩阵表示的，下标 0、1、2、3 分别表示建立广义相对论的四个不同维度：三个空间维度和一个时间维度。0 表示时间维度，1、2、3 分别表示笛卡儿坐标的 x、y、z。由度规张量式 (8.9b) 可见，式 (8.9a) 共有 16 个方程，不过由于张量的对称性，独立的方程只有 10 个；里奇张量也是对称的四维二阶张量，可以得到里奇张量的独立分量的个数是 10 个，进而爱因斯坦张量的独立分量也是 10 个，因此爱因斯坦场方程是由 10 个方程组成的二阶非线性偏微分方程组。其复杂程度可想而知。这个被"几何化"了的测地线方程代表了时空不是平直的，而是变形的，所以时空变形的理论是广义相对论中的核心内容。

度规张量是对时空几何性质的描述，其中包含了采用什么坐标系来求解爱因斯坦方程。如采用笛卡儿坐标系时，线元为

$$ds^2 = dx^2 + dy^2 + dz^2$$

度规张量为

$$g_{\mu\nu} = \begin{pmatrix} 1 & 0 & 0 \\ 0 & 1 & 0 \\ 0 & 0 & 1 \end{pmatrix}$$

采用球坐标时，线元为
$$ds^2 = dr^2 + r^2 d\theta^2 + r^2 \sin^2\theta d\varphi^2$$

度规张量为
$$g_{\mu\nu} = \begin{pmatrix} 1 & 0 & 0 \\ 0 & r^2 & 0 \\ 0 & 0 & r^2 \sin^2\theta \end{pmatrix}$$

结合后续对称球坐标系下的史瓦西度规式（8.10c），可以看到度规中包含了引力场的物理信息。就是说，物质分布决定引力场，而引力场又反映出时空的几何性质，因而时空的几何度规 $g_{\mu,\nu}$ 代表了引力场的强度。可见广义相对论的确是几何化了的引力理论。

爱因斯坦提出等效原理，即引力和惯性力是等效的。这一原理建立在引力质量与惯性质量的等价性上。根据等效原理，爱因斯坦把狭义相对论推广为广义相对论，即物理定律的形式在一切参考系中都是不变的。物体的运动方程即该参考系中的测地线方程。测地线方程与物体自身固有性质无关，只取决于时空局域几何性质，而引力正是时空局域几何性质的表现。物质质量的存在会造成时空弯曲，在弯曲的时空中，物体仍然沿着最短距离运动（沿着测地线运动——在欧氏空间中是直线运动），如地球在太阳造成的弯曲时空中的测地线运动，实际是绕着太阳转动，造成引力作用效应，如图 8.4（a）所示。同样月球在地球造成的弯曲时空中做测地线运动，如图 8.4（b）所示。例如，在弯曲的地球表面上，如果以直线运动，实际是在绕着地球表面的大圆曲线运动。

(a) 太阳造成的弯曲时空

(b) 地球造成的弯曲时空

图 8.4　太阳和地球造成的弯曲时空

爱因斯坦的广义相对论方程首次把引力场解释为时空的弯曲。这一理论在天体物理学中有着非常重要的应用。例如，它预言了某些大质量恒星终结后，会形成时空极度扭曲，以至于所有物质（包括光）都无法逃逸出的区域，即黑洞。弯曲的时空也会导致光线弯曲，使得光线沿着弯曲的路径传播，形成引力透镜效应，这使得人们通过引力透镜效应可以观测到宇宙深空的天体，也使得人们可能会观察到处于遥远位置的同一个天体形成的多个成像。广义相对论还预言了引力波的存在。引力波已经由激光干涉引力波天文台在 2015 年 9

月直接观测到了。广义相对论还是现代宇宙学膨胀宇宙模型的理论基础,对研究天体结构和演化具有重要意义。广义相对论成为物理研究的重要理论基础,如研究中子星的形成和结构、黑洞物理和黑洞探测、引力辐射理论和引力波探测、大爆炸宇宙学、量子引力,以及大尺度时空的拓扑结构等宇宙结构及其演化,都离不开广义相对论。不过仍然有一些问题至今未能解决,最为基础的即广义相对论和量子物理的定律如何统一形成完备并且自洽的量子引力理论。

爱因斯坦场方程式(8.9a)是二阶非线性偏微分方程组,因此想要求得其精确解是十分困难的。尽管如此,仍有一些在一定假设条件下的精确解被求得。其中最著名的有三个解:史瓦西(Schwarzschild)解、雷斯勒—诺斯特朗姆解、克尔解。

第一个获得该方程解的是史瓦西。史瓦西采用了简单的假设,考虑一个真空的、球对称、不带电荷、无旋转的理想情况,运用场方程确定天体的中心质量使空间变形,这个就与钢球放在一个塑料膜上使其变形是类似的。在史瓦西静态引力场和真空场的假设下,得到球坐标系下球对称的史瓦西解为

$$\mathrm{d}s^2 = -c^2\left(1-\frac{2GM}{c^2 r}\right)\mathrm{d}t^2 + \left(1-\frac{2GM}{c^2 r}\right)^{-1}\mathrm{d}r^2 + r^2\mathrm{d}\theta^2 + r^2\sin^2\theta\mathrm{d}\varphi^2 \quad (8.10\mathrm{a})$$

若采取几何单位制($c=G=1$),则史瓦西解(8.10a)可简化为

$$\mathrm{d}s^2 = -\left(1-\frac{2M}{r}\right)\mathrm{d}t^2 + \left(1-\frac{2M}{r}\right)^{-1}\mathrm{d}r^2 + r^2\mathrm{d}\theta^2 + r^2\sin^2\theta\mathrm{d}\varphi^2 \quad (8.10\mathrm{b})$$

其史瓦西度规为

$$g_{\mu\nu} = \begin{bmatrix} -\left(1-\frac{2M}{r}\right) & 0 & 0 & 0 \\ 0 & \left(1-\frac{2M}{r}\right)^{-1} & 0 & 0 \\ 0 & 0 & r^2 & 0 \\ 0 & 0 & 0 & r^2\sin^2\theta \end{bmatrix} \quad (8.10\mathrm{c})$$

史瓦西方程(8.10b)中M代表引力源的质量,r代表中心体的半径,$\mathrm{d}s^2$是标量。通过史瓦西解可以看到,外部时空的弯曲程度即引力场的强度只和引力源的质量和半径有关。

爱因斯坦方程为什么特别难解,其主要原因是非线性项的存在,使得线性叠加理论不再适用。根据非线性理论,非线性演化的结果必然导致混沌。由于非线性系统对初始条件具有敏感依赖性的特点,当初始条件无法严格确定的时候,即便是微小的偏差,也可能导致系统长期演化不可预测,即蝴蝶效应。作为广义相对论中存在混沌的佐证,查尔斯·米斯纳(Charles Misner)在20世纪60年代提出了Mixmaster宇宙模型,这是一个宇宙非常早期的模型[77]。

宇宙起始,混沌初开。世界许多民族都有古老的关于宇宙万物起源的传说,在我国就有盘古开天辟地的神话故事。过去的蒙学读本《幼学琼林》一开始就说:"混沌初开,乾坤始奠,气之轻清上浮者为天,气之重浊下凝者为地。"

而Mixmaster宇宙模型以Sunbeam Mixmaster命名,具有搅拌机的意思。从理论上推

测了早期宇宙的混沌现象，它的行为就像一个三维混合器，使得宇宙反复而随机地挤压和膨胀。查尔斯·米斯纳提出的早期宇宙模型，认为 Mixmaster 宇宙模型可以解释为什么宇宙微波背景（CMB）混合得如此之好。宇宙微波背景辐射是宇宙大爆炸理论的一个强有力的证据。宇宙微波背景辐射是指来自宇宙空间的各向强度相同（各向同性）的微波电磁辐射。老式电视机开机时屏幕上出现的"雪花屏"，除去噪声，其中有一部分正是来自宇宙大爆炸留下来的微波背景辐射。天体物理学家现在认为，宇宙膨胀造成了混沌。Cornish 和 Levin 使用分形的方法证明了 Mixmaster 宇宙模型确实是混沌的。Mixmaster 宇宙模型是爱因斯坦方程的一个解，说明广义相对论毫无疑问是存在混沌的[77,78]。

广义相对论方程是由十个方程组成的二阶非线性偏微分方程组，如此复杂，可以设想隐藏着更多的混沌现象。相对论就像一座神圣的殿堂，殿堂里充满了神奇的变化和故事，每一个变化和故事都由于"非线性"的作用而可能蕴含某种蝴蝶效应，而我们也许还游历在殿堂之外，只有借助韦伯天文望远镜及先进计算机等手段进行更深入的研究，才有可能完全揭开它神秘的面纱。不过有一点可以肯定，混沌存在于宇宙结构的各个层次中。

伯恩在 1955 年的一篇报告中说得好[74]："对于广义相对论的提出，我过去和现在都认为是人类认识大自然的最伟大的成果，它把哲学的深奥、物理学的直观和数学的技艺令人惊叹地结合在一起。爱因斯坦在黑暗中焦急地探索着的年代里，怀着热烈的向往，时而充满自信，时而精疲力竭，而最后看到了光明。他把相对论——狭义相对论和广义相对论——的大厦全部建成了。"

8.3 量子混沌[79-82]

8.3.1 什么是量子

对于一个科学爱好者，一定会非常熟悉"量子"的概念，甚至普通大众在生活中也会听说过"量子"这个术语。"量子"已经成为高科技的代表，也成为很多人茶余饭后的谈资。

那么究竟什么是量子？单从字面上来看，似乎量子与分子、原子、质子、中子、电子等一样都是微观粒子，普通大众往往容易望文生义，将量子理解为一种基本粒子。事实上并非如此，量子并不是一种微观粒子，简单地说，量子是一种物理概念，并不是具体的物体。物理学是这样定义的：量子是一个物理量上存在最小的不可分割的基本单位，如果一个物理量存在这样的单位，我们就称这个物理量是可以被量子化的，这个不可分割的最小单位称为"量子"，如图 8.5 所示。

用一个宏观例子能更通俗地理解量子的概念。假如全体人类就是一个物理量，那么每个人就是不可分割的最小单位，就是一个量子，因为一个人不可能再被分割。还有我们平时使用的现金，如果现金是一个物理量，那么一分钱就是不可分割的单位，也就是量子，因为一分钱不可被分割，半分钱是没有意义的。再比如上楼梯台阶，一个台阶就是一个量子，只能一个一个台阶地上下，不可能行走半个台阶。

> 走进混沌世界

图 8.5 量子示意图

如此通俗的解释过后，相信很多人对量子的概念都有了更深的认识。但事实上远非如此，量子的定义听起来似乎很简单，但与量子有关的概念却很难让人理解，因为量子的相关概念完全颠覆了我们在宏观世界的认知。

在我们生活的宏观世界里，我们观察到的任何变化都是连续的，如一辆汽车从你身边轰鸣而过，汽车与你的距离是连续变化的，同时汽车的速度也是连续变化的。飞机从高空越过，看见的过程是连续变化的，听到的声音也是由高频到低频连续变化的。一棵小树苗长成参天大树也是连续变化的，不可能跳跃式生长。

但在微观世界（量子世界）里，量子并不是连续的，物理量的变化是离散式的、跳跃式的。最常见的例子就是电子跃迁。电子在原子核外层随机出现，但这种随机是受约束的，是按特定的轨道出现的，只能从一个轨道直接跃迁到另一个轨道，而不能出现在两个轨道之间。也就是说，电子是从一个轨道直接"瞬移"到另一个轨道的，中间没有过渡速度之说，如图 8.6 所示。

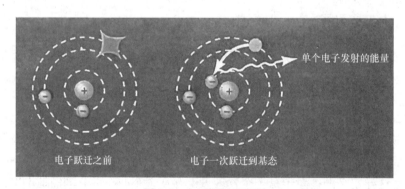

图 8.6 电子跃迁示意图

如果电子的这种行为出现在宏观世界，那是相当诡异的。就好比你在客厅看电视，你母亲在厨房做饭，然而她没有任何走动的过程就突然出现在你面前，会不会吓你一跳？

我们经常所说的光子其实是光量子的简称，因为光也是可以被量子化的物理量，光子就是光的最小单位，光在传递的过程中不是连续的，而是一份一份的。而光其实就是能量，这意味着能量是离散的，并不是连续的。这就是量子的概念，它会颠覆我们在宏观世界的认知。那么量子具体有哪些特征呢？

8.3.2 量子叠加态和纠缠态

（1）波粒二象性

牛顿认为光就是极小的实体粒子，因为这可以完美诠释"光为什么沿直线传播"的问题。当然也有一部分人反对牛顿，比如惠更斯和与牛顿同时代的胡克都是光的波动学说的支持者。如果光仅是粒子，那么就很难解释光的衍射和干涉现象了。

从牛顿力学的观点来看，不管是光的粒子学说还是波动学说都属于经典力学的范畴。直到20世纪初，随着量子力学的建立，人类对光本质的认识才有了质的飞跃。爱因斯坦的光量子假说认为光并非是牛顿所说的实物粒子，而是光量子。光量子是电磁波能量的基本单位，不可再分割。光量子简称光子，不仅是量子，也是一种波。光既具有粒子性也具有波动性，光的这个特性被称为光的波粒二象性，如图8.7所示。当然这是光子的特征。物理学家尔后发现除了光子，还有很多的微观粒子也具有波粒二象性。

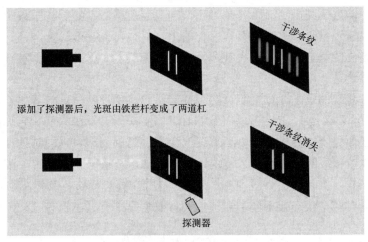

(a) 光子的双缝干涉实验

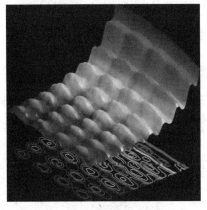

(b) 光的波粒二象性示意图

图8.7 波粒二象性

走进混沌世界

光子的双缝干涉实验，如图 8.7（a）所示，表明原本被认定为粒子的光子具有波动性。这个实验更神奇的结果是，同一个光子可以同时经过两个细缝抵达光屏。现在我们知道光子在不被观测时可以同时处于两个位置。用波粒二象性的观点解释就是：光子在不被观测时，既具有粒子性也具有波动性，处于粒子和波态的叠加状态，出现干涉条纹。观测行为导致光子的波粒二象性坍缩成粒子性，而波动性消失。

现在我们知道了不仅光子（如图 8.7（b）所示）具有波粒二象性，所有微观粒子都具有波粒二象性，并且都是叠加态的。其实德布罗意波告诉我们：所有物体，包括地球这样的宏观天体都具有波动性，只不过幅度小到难以观测到而已。

（2）量子的叠加态

在宏观世界里，任何物体都只可能有一种状态，比如一个人在玩电脑，他就只能在电脑前而不可能出现在其他地方，但在量子世界中，一个量子可以同时拥有多种状态，同时出现在不同的地方。而一旦我们想要观察量子究竟处于什么状态，量子马上就坍缩为其中一种状态，从不确定性坍缩变为确定性坍缩。就像薛定谔的猫，只有观察了才能确定它的状态，否则它可能处于既是"活"又是"死"的两种状态，也就是叠加态。

这就好比在宏观世界，你既可以在家里看电视，也可以在学校上课，还可以在网吧玩游戏。如何确定你的状态呢？只有去观测，一旦实施观测，你的状态就唯一地确定了。那么如何用数学描述这一现象呢？

众所周知，传统的电子计算机运算的是 0 和 1 这样的比特位。计算机一次只能运算一个位，要么是 0，要么是 1。对于一串 01011100011……，计算机只能让它们挨个排队，一个一个地处理。而量子计算机之所以运算速度惊人，是因为它可以同时处理两个比特位。在运算速度上以数量级的形式超越了传统计算机。这正是量子计算机的颠覆性优势所在。

物理学家狄拉克发明了一种符号，叫狄拉克符号 $|\psi\rangle$，用于描述叠加态的粒子。其实一个粒子同时具有两个状态就相当于物理的矢量概念，既有大小也有方向，所以叠加态也可以称为态矢量。

我们知道一个电子可以同时处于 0 和 1 的状态。那么用狄拉克符号表示：电子处于 0 的状态就是 $|0\rangle$，处于 1 的状态就是 $|1\rangle$。如果不观察电子，电子就处在 0 和 1 的叠加状态，就是 $|\psi\rangle=|0\rangle+|1\rangle$。

（3）量子的纠缠态

何为量子纠缠？当几个量子发生相互作用后，就会成为一个不可分割的整体，处于纠缠态，不能单独描述其中一个量子的特性。无论量子之间相距多远，整体状态都不会发生改变。其中一个量子的状态发生改变，其他量子的状态立刻也会跟着发生相应的改变，以保证量子的整体性不会改变。在经典力学中，找不到类似的现象。

就好比一双手套，将其随机放进两个无法探测到里面的盒子里，并把两个盒子分别送到相隔很远的两个地方，我们只要打开其中一个盒子，立刻就知道另一个盒子里手套的左右，或者说，另一个盒子中手套的状态就确定了。量子纠缠也好比一个硬币的两面，硬币一面的图案看到了，硬币另一面的图案就立刻确定了，不管这个硬币的厚度是多少，它们之间都是存在相互关联的，

第 8 章 混沌的展望

这就是量子纠缠,如图 8.8(a)所示。如果两者之间没有相互作用是不可能发生"纠缠"的。

加拿大渥太华大学的研究人员与罗马萨皮恩扎(Sapienza)大学的达尼洛·齐亚(Danilo Zia)和法比奥·夏里诺(Fabio Sciarrino)合作,展示了一种新技术,该技术可以实时呈现两个纠缠光子的波函数,如图 8.8(b)和图 8.8(c)所示,这两个波函数很像我们祖先的太极图。量子纠缠的可视化可以帮助人们更好地理解量子力学的基本概念和原理,进一步加深对量子世界的认识,同时也为未来的量子通信和量子计算提供了更加清晰的物理图像。

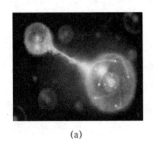 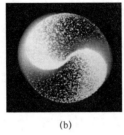 

(a) (b) (c)

图 8.8 量子纠缠态示意图

继续回到狄拉克符号,量子的叠加态 $|\psi\rangle = |0\rangle + |1\rangle$ 处于 0 的状态 $|0\rangle$ 和处于 1 的状态 $|1\rangle$ 的概率各占 50%,即 $\frac{1}{2}$,总概率等于 1。理论上一个量子不管是 0 状态还是 1 状态,都可以在空间的任何一个位置。所以在狄拉克公式中,都要在它们前面加上两个任意的数:a 和 b。正是由于 a 和 b 的存在,才可以让这个叠加态的量子处于空间的任何位置,因为 a 和 b 可以任意取值,但是 a 和 b 之间必须要有关联。我们已知量子的概率等于 $|\psi|^2$,现在有一个粒子,它的状态是 $a|0\rangle+b|1\rangle$,也可以写成 $|\psi_a|^2|0\rangle+|\psi_b|^2|1\rangle$,发生的概率相同各占 50%,满足总概率等于 1,即 $|\psi_a|^2+|\psi_b|^2=1$,亦即 $|a|^2+|b|^2=1$,对应的 $|a|^2=\frac{1}{2}$,$|a|=\sqrt{|\psi_a|^2}=\sqrt{\frac{1}{2}}=\frac{\sqrt{2}}{2}$,$|b|^2=\frac{1}{2}$,$|b|=\sqrt{|\psi_b|^2}=\frac{\sqrt{2}}{2}$,概率幅 $|a|+|b|=\sqrt{2}$,于是 $a|0\rangle+b|1\rangle$ 就变成 $(|0\rangle+|1\rangle)/\sqrt{2}$。因此,$(|0\rangle+|1\rangle)/\sqrt{2}$ 也是常见的单粒子叠加态的表示方式。现在考察,如果有甲、乙两个粒子在同一个系统中,那么它俩叠加态的表示方式就是 $|00\rangle+|11\rangle$,这个表示式中加号左边的 $|00\rangle$ 的第一个 0 表示甲的 0 状态,第二个 0 表示乙的 0 状态,加号右边 $|11\rangle$ 中的第一个 1 表示甲的 1 状态,第二个 1 表示乙的 1 状态。当然也可以继续写出 $a|00\rangle+b|11\rangle$,这时候如果依旧满足 $|a|^2+|b|^2=1$,那么我们才可以确定地说,甲、乙两个粒子处于叠加态。这时候的狄拉克式子又可以写成 $|\psi\rangle_{ab}=(|00\rangle+|11\rangle)/\sqrt{2}$。事实上 $(|00\rangle+|11\rangle)/\sqrt{2}$ 表明这两个粒子存在某种关联而无法分解开来,这就是量子纠缠。这种关联导致两个粒子无论相距多么遥远,测量其中一个粒子的状态,另一个粒子的状态也会同时发生改变。

至此,我们可以为量子叠加态和量子纠缠态给出一个严格的定义:假设一个复合系统由两个子系统 A、B 所组成,这两个子系统 A、B 的希尔伯特空间分别为 H_A 和 H_B,则复合系统的希尔伯特空间 H_{AB} 为张量积

$$H_{AB} = H_A \otimes H_B \tag{8.11a}$$

如果一个复合系统由两个不相互作用的子系统 A、B 所组成,子系统 A、B 的量子态分别为 $|\alpha\rangle_A$、$|\beta\rangle_B$,那么根据式(8.11a),复合系统的量子态 $|\psi\rangle_{AB}$ 为

$$|\psi\rangle_{AB} = |\alpha\rangle_A \otimes |\beta\rangle_B \tag{8.11b}$$

这种形式的量子态称为直积态。量子态 $|\psi\rangle_{AB}$ 是具有可分性的叠加态。对子系统 A 做测量,不会影响到子系统 B,反之亦然。因此,对于这种复合系统,对任意子系统进行测量时,不必考虑到另外一个子系统。

假设子系统 A、B 的量子态分别为 $|\alpha\rangle_A$、$|\beta\rangle_B$,如果复合系统的量子态 $|\psi\rangle_{AB}$ 不能写为张量积 $|\alpha\rangle_A \otimes |\beta\rangle_B$,则称这个复合系统为子系统 A、B 的纠缠态,两个子系统 A、B 相互纠缠,具有不可分性。

比如说,即便两个纠缠的量子被分别放在宇宙的两端,只要其中一个量子的自旋方向发生改变,另一个量子的自旋方向也会马上发生变化,并保持角动量守恒,如图 8.9 所示。用狄拉克符号可表示为 $|\psi\rangle = \frac{1}{\sqrt{2}}(|\uparrow\rangle \otimes |\downarrow\rangle - |\downarrow\rangle \otimes |\uparrow\rangle)$。其中,$|\uparrow\rangle$、$|\downarrow\rangle$ 分别表示粒子的自旋为上旋和下旋。

而一旦我们对其中一个量子进行观测,量子的状态马上就可以确定下来,同时量子之间的纠缠关系立刻消失,整体性也不复存在,两个量子不再有任何关系。

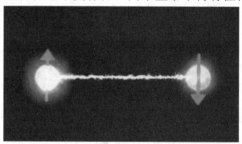

图 8.9 量子纠缠关系

下面通过一个例子了解量子系统是如何利用直积态(张量积)描述量子的叠加态和纠缠态的。假设两个量子系统组成的复合系统如下:

$$|\psi_1\rangle = \alpha_1|0\rangle + \alpha_2|1\rangle = \begin{bmatrix} \alpha_1 \\ \alpha_2 \end{bmatrix}, \quad |\psi_2\rangle = \beta_1|0\rangle + \beta_2|1\rangle = \begin{bmatrix} \beta_1 \\ \beta_2 \end{bmatrix}$$

那么

$$|\psi_1\psi_2\rangle = |\psi_1\rangle \otimes |\psi_2\rangle = \begin{bmatrix} \alpha_1 \cdot \beta_1 \\ \alpha_1 \cdot \beta_2 \\ \alpha_2 \cdot \beta_1 \\ \alpha_2 \cdot \beta_2 \end{bmatrix}$$

$$|\psi_1\rangle, \begin{bmatrix} \dfrac{|0\rangle}{\overline{\alpha_1} \cdot \alpha_1 = \dfrac{1}{\sqrt{2}} \cdot \dfrac{1}{\sqrt{2}} = \dfrac{1}{2}}, & \dfrac{|1\rangle}{\overline{\alpha_2} \cdot \alpha_2 = \dfrac{1}{\sqrt{2}} \cdot \dfrac{1}{\sqrt{2}} = \dfrac{1}{2}} \end{bmatrix}$$

$$|\psi_2\rangle, \begin{bmatrix} |0\rangle & |1\rangle \\ \overline{\beta_1} \cdot \beta_1 = \frac{1}{\sqrt{2}} \cdot \frac{1}{\sqrt{2}} = \frac{1}{2}, & \overline{\beta_2} \cdot \beta_2 = \frac{1}{\sqrt{2}} \cdot \frac{1}{\sqrt{2}} = \frac{1}{2} \end{bmatrix}$$

$$|\psi_1\psi_2\rangle$$
$$\begin{bmatrix} |00\rangle & |01\rangle \\ \overline{\alpha_1\beta_1} \cdot \alpha_1\beta_1 = \frac{1}{\sqrt{2}} \cdot \frac{1}{\sqrt{2}} \cdot \frac{1}{\sqrt{2}} \cdot \frac{1}{\sqrt{2}} = \frac{1}{4}, & \overline{\alpha_1\beta_2} \cdot \alpha_1\beta_2 = \frac{1}{\sqrt{2}} \cdot \frac{1}{\sqrt{2}} \cdot \frac{1}{\sqrt{2}} \cdot \frac{1}{\sqrt{2}} = \frac{1}{4} \end{bmatrix}$$

$$\begin{bmatrix} |10\rangle & |11\rangle \\ \overline{\alpha_2\beta_1} \cdot \alpha_2\beta_1 = \frac{1}{\sqrt{2}} \cdot \frac{1}{\sqrt{2}} \cdot \frac{1}{\sqrt{2}} \cdot \frac{1}{\sqrt{2}} = \frac{1}{4}, & \overline{\alpha_2\beta_2} \cdot \alpha_2\beta_2 = \frac{1}{\sqrt{2}} \cdot \frac{1}{\sqrt{2}} \cdot \frac{1}{\sqrt{2}} \cdot \frac{1}{\sqrt{2}} = \frac{1}{4} \end{bmatrix}$$

亦即

$$|\psi_1\psi_2\rangle = \frac{1}{4}|00\rangle + \frac{1}{4}|01\rangle + \frac{1}{4}|10\rangle + \frac{1}{4}|11\rangle$$

式中，$\overline{\alpha\beta}$ 与 $\alpha\beta$ 是互补关系，也叫对立事件，若 $\alpha\beta$ 表示某事件的概率，则 $\overline{\alpha\beta}$ 表示该事件不发生的概率。

显然，两个量子系统组成的复合系统直积态的所有概率振幅都表示为其每个独立分量概率振幅的乘积，复合系统的概率并不相互依赖，量子态具有可分性，不存在纠缠，是叠加态。若是如下两个量子组成的复合系统：

$$|\psi_1\psi_2\rangle$$
$$\begin{bmatrix} |00\rangle & |01\rangle & |10\rangle & |11\rangle \\ P(|00\rangle) = \frac{1}{2}, & P(|01\rangle) = 0, & P(|10\rangle) = 0, & P(|11\rangle) = \frac{1}{2} \end{bmatrix}$$

$$|\psi_1\psi_2\rangle = \frac{1}{\sqrt{2}} \begin{bmatrix} 1 \\ 0 \\ 0 \\ 1 \end{bmatrix}$$

即

$$|\psi_1\psi_2\rangle = \frac{1}{\sqrt{2}}(|00\rangle + |11\rangle)$$

式中，P 是 $|\psi_1\psi_2\rangle$ 发生的概率。显然，以上两个量子系统组成的复合系统不能表示为单个量子态的张量积。量子态具有不可分性，是纠缠态。

量子的这种纠缠态通常会被应用在量子密钥分发领域，可以极大地提高信息的安全系数。一旦信息被窃听（也就是观测），量子纠缠态马上就会消失，这样信息的分发者立刻就能知道有人在盗取信息了。理论上，这种信息分发的安全系数可以是百分之百。

8.3.3 量子隧穿效应

量子隧穿效应是一种量子力学现象，指的是即使粒子（通常是电子或中子）的能量低于势垒高度也能够穿透的现象。这种现象是量子力学中的重要现象，与经典物理学中的现象有很大的不同，如图 8.10（a）所示。量子隧穿效应的出现，是因为在量子力学中，波函数不仅包含了粒子的位置信息，还包含了粒子的动量信息。当一个粒子在穿过势垒时，其波函数的波峰和波谷会发生位移，这就意味着粒子动量发生了改变，图 8.10（b）代表方势垒贯穿过程的波函数。当入射能量 E 大于势垒高度 V_0 时，入射粒子并非全部透射进入Ⅲ区，仍有一定概率被反射回Ⅰ区；当入射能量 E 小于势垒高度 V_0 时，入射粒子仍可能穿过势垒进入Ⅲ区，这就是"隧穿效应"，并仍以平面波的形式传播。咖莫夫透射系数 $P = e^{-\frac{2}{\hbar}\sqrt{2m(V_0-E)}D}$，势垒厚度 $D = x_2 - x_1$。

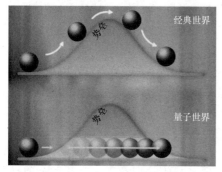

(a) 经典力学和量子力学穿过势垒的不同方式

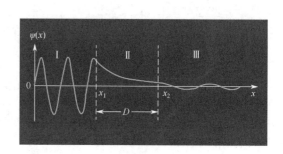

(b) 方势垒贯穿过程的波函数

图 8.10　量子隧穿效应示意图

我们可以先想象一下经典的情况。如果面前有一堵墙，要想翻墙而过，则必须具有足够的能量跳过去。如果能量不够，是绝不可能出现在墙的另一面的。但在量子世界中，即使能量不够，量子也可以穿墙而过，不是翻越过去，这就是量子隧穿效应。

量子隧穿效应能够为我们解释一些日常生活中的现象。例如，我们对着墙壁大吼一声，即使 99.9% 的声波被反射或被墙壁吸收，仍会有部分声波穿墙而过到达人的耳朵。因为墙壁是不可能切断物质波的，只能在拦截的过程中使其衰减，这也就是成语中的"隔墙有耳"。

量子隧穿效应在物理学中有许多应用。例如，隧道二极管和扫描隧道显微镜就是利用量子隧穿效应设计的。在核反应和半导体物理中也存在许多重要的应用。我们在学习高中物理时应该见过图 8.11（a），这是一张典型的用扫描隧道显微镜（STM）扫描得到的图案。而 STM 就是利用量子隧穿效应制作而成的。同样，图 8.11（b）和图 8.11（c）也是由 STM 扫描得到的图案。

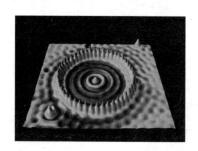

(a) STM扫描得到的铜（111）表面的局域态密度图案　(b) 神经细胞的STM扫描图

(c) 硅表面的STM扫描图

图 8.11　STM 扫描得到的图案

太阳释放的能量来源于核聚变。太阳核心的温度虽然高达1500万摄氏度，但是仍然不能引发核聚变。正是因为量子隧穿效应的存在，太阳核心的"粒子汤"有一定概率突破能量势垒的束缚，在能量不足的情况下仍旧能够完成核聚变，释放出源源不断的能量。

8.3.4 量子混沌

在经典力学中，人们对力学系统中规则的周期运动和不规则的混沌运动在本质上的不同，已经有了十分清楚的认识。根据对应原理，经典力学中的两种不同性质的运动在量子力学中也应该存在相对应的情况，即量子规则周期运动和量子不规则运动。对此问题的研究导致了量子混沌学。

描述量子力学最具权威性的理论公式是薛定谔方程（Schrödinger equation）。薛定谔方程是由奥地利物理学家薛定谔在1926年建立的量子力学波函数的运动方程[79-81]，被认为是量子力学的奠基理论之一。薛定谔方程主要分为含时薛定谔方程与不含时薛定谔方程。含时薛定谔方程依赖于时间，用来衡量一个量子系统的波函数是怎样随着时间演变的。不含时薛定谔方程与时间无关，可以用来计算定态量子系统，对应于本征能量的本征波函数。波函数又可以用来计算量子系统里某个事件发生的概率幅。而概率幅绝对值的平方，就是事件发生的概率密度。薛定谔方程解答了粒子在量子尺度上的统计性的量子行为。量子尺度的粒子包括基本粒子，如光子、电子、质子、中子等。

（1）含时薛定谔方程

在一维空间里，一个单独粒子运动于位势$V(x)$中的含时薛定谔方程为

$$-\frac{\hbar^2}{2m}\frac{\partial^2}{\partial x^2}\psi(x,t)+V(x)\psi(x,t)=i\hbar\frac{\partial}{\partial t}\psi(x,t) \qquad (8.12)$$

式中，m是粒子的质量，x是位置，$\psi(x,t)$是依赖时间t的波函数，$\hbar$是普朗克常数，$V(x)$是位势。

类似地，在三维空间里，一个单独粒子运动于位势$V(r)$中的含时薛定谔方程为

$$-\frac{\hbar^2}{2m}\nabla^2\psi(r,t)+V(r)\psi(r,t)=i\hbar\frac{\partial}{\partial t}\psi(r,t) \qquad (8.13)$$

式中，$\nabla^2=\frac{\partial^2}{\partial x^2}+\frac{\partial^2}{\partial y^2}+\frac{\partial^2}{\partial z^2}$是拉普拉斯算子，$r$是粒子在三维空间中的位置。

（2）不含时薛定谔方程

不含时薛定谔方程不依赖于时间，又称为本征能量薛定谔方程，或称定态薛定谔方程。顾名思义，本征能量薛定谔方程，就是用来计算粒子的本征能量与其他相关的量子性质的。不含时薛定谔方程为

$$-\frac{\hbar^2}{2m}\frac{\partial^2}{\partial x^2}\psi_E(x)+V(x)\psi_E(x)=E\psi_E(x) \qquad (8.14)$$

类似地，方程（8.13）变为

$$-\frac{\hbar^2}{2m}\nabla^2\psi_E(r)+V(r)\psi_E(r)=E\psi_E(r) \tag{8.15}$$

可见，无论是含时还是不含时的薛定谔方程都是线性的偏微分方程。

对于含时薛定谔方程式（8.12），若 $V(x)$ 与时间无关，则可以用分离变量法求解，设 $\psi(x,t)=f(t)\psi(x)$，代入式（8.12），并令 $\dfrac{i\hbar}{f(t)}\dfrac{df}{dt}=\dfrac{1}{\psi(x)}\left[-\dfrac{\hbar^2}{2m}\dfrac{\partial^2\psi}{\partial x^2}+V(x)\psi(x)\right]=E$

则有 $\dfrac{df}{f(t)}=\dfrac{E}{i\hbar}dt$，$f(t)=e^{-\frac{i}{\hbar}Et}$，那么波函数为 $\psi(x,t)=\psi(x)e^{-\frac{i}{\hbar}Et}$，

例如，对于一维无限深方势阱，$V(x)=\begin{cases}0, 0<x<a\\ \infty, x<0, x>a\end{cases}$，即 $V(x)=0$，由能量本征方程，$\dfrac{d^2\psi(x)}{dx^2}+\dfrac{2mE}{\hbar^2}\psi(x)=0$，解得非平凡解的本征函数 $\psi(x)=\psi_n(x)=A\sin(\dfrac{n\pi}{a}x)(0<x<a)$，同时，求得系统的能量本征值 $E=E_n=\dfrac{\hbar^2\pi^2n^2}{2ma^2}$，$n=1,2,3,\cdots$，则

$$\psi(x,t)=\psi_n(x)e^{-\frac{i}{\hbar}E_n t}=\sum_n A\sin(\frac{n\pi}{a}x)e^{-\frac{i}{\hbar}E_n t} \tag{8.16a}$$

那么对保守系统来说，比照式（8.16a），式（8.12）的一般解可以写成

$$\psi(x,t)=\sum_n C_n\psi_n(x)e^{-\frac{i}{\hbar}E_n t} \tag{8.16b}$$

式中，E_n、ψ_n 分别为哈密顿算符的本征值与本征函数，都是离散的。任何一个可观测 A 的期望值都是离散的，可表示为

$$\left\langle \hat{A}\right\rangle_t=\sum C_n C_m A_{nm} e^{-\frac{i}{\hbar}(E_n-E_m)t} \tag{8.17}$$

从式（8.16a 和 8.16b）和式（8.17）可看出，无论是系统状态的波函数，还是可直接测量的力学量的期望值，都只随时间做周期性或准周期性变化。因此，式（8.12）到式（8.15）所描述的系统不可能有混沌运动的特性。

经典力学系统中的混沌源于系统对初值的敏感依赖性，使得在相空间中的相邻轨道按指数型分离。然而对量子力学来说，因不存在相空间轨道的概念，对量子混沌问题讨论的出发点就有别于经典力学系统。我们不妨从以下四个方面考察量子混沌的表现。

（1）由量子系统自身轨道跳变的随机性导致的不可预测性

在量子运动中，由式（8.16a）和式（8.16b）可见运动变量的本征值是离散的，在同一轨道上的不同点意味着拥有相同的状态。在量子世界里，物理量的变化是离散式的、跳跃式的。最常见的例子就是电子跃迁，如图 8.12 所示。电子在原子核外层只能从一个轨道直接跃迁到另一个轨道，而且是随机出现在某一轨道上的。因为电子轨道跳变的随机性，所以也就不能从初始状态确定未来的状态，从而产生了不可预测性，或者说具有混沌性。

量子系统的运动规律本身就带有不确定性，可归结于对波函数的统计解释或测量对系统产生的影响。从一个确定的初始状态出发，通过计算只能知道系统将处于某一状态的概

率,对可观察量只能预测其统计平均值。因此,量子系统的不可预测性源于系统本身运动规律的不确定性。

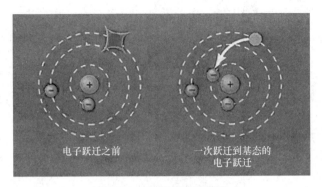

图 8.12 电子跃迁示意图

(2)线性薛定谔方程中变量极限情况下产生的混沌现象[47]

薛定谔方程是线性偏微分方程,从经典力学的角度考虑,线性系统只可能随时间做周期或准周期变化的确定性运动,不会存在混沌运动。但是系统在极限情形中某些参数如透射系数的影响下,透射波也可能出现不可预测性。如具有本征值 λ 的"位势" $V(x,t)$ 的一维(时变的)定常薛定谔方程为[47]

$$\frac{\partial^2 \psi(x,t)}{\partial x^2} + [\lambda - V(x,t)]\psi(x,t) = 0 \tag{8.18}$$

当给定势函数 $V_0(x) = V(x,0)$,薛定谔方程变为

$$\frac{\partial^2 \psi(x,t)}{\partial x^2} - [V_0(x) - \lambda]\psi(x,t) = 0 \tag{8.19}$$

假定当 $x \to \pm\infty$ 时,$V_0(x)$ 可以很快衰减到零,因此式(8.19)可以简化为

$$\frac{\mathrm{d}^2 \psi(x)}{\mathrm{d} x^2} - k^2 \psi(x) = 0 \tag{8.20}$$

式中 $k^2 = -\lambda$,通常,量子波函数在一势垒上可以有反射,在极限 $x \to \infty$ 的情形下,得到 $\psi(x)$ 的渐进形式

$$\lim_{x \to \infty} \psi(x) = \mathrm{e}^{-\mathrm{j}kx} + b(k)\mathrm{e}^{\mathrm{j}kx} \tag{8.21}$$

等号右边第一项代表入射波,第二项代表反射波,$b(k)$ 称为反射系数。在极限 $x \to -\infty$ 的情形下,则有

$$\lim_{x \to -\infty} \psi(x) = a(k)\mathrm{e}^{-\mathrm{j}kx} \tag{8.22}$$

等式右边代表透射波,$a(k)$ 称为透射系数。反射系数和透射系数是可以被测量的。

数值试验表明[47],透射波会表现出很强的随机性,透射系数是能量的函数,而且变得不能预测,这就很像在经典力学中对初始条件很敏感的混沌现象。尧斯林认为这是由齐纳(Zener)隧道的灵敏相位依赖性引起的强烈的随机行为:当电子遇到晶体带状结构中的能隙时,透射概率和波函数的相位密切相关。对一定数量的势垒,表明散射与透射的能量有关,散射表现出混沌特性。

（3）非线性量子力学系统中的混沌现象

在式（8.12）中，若把 ψ 理解为量子场，则无论势能 $V(x,t)$ 取什么样的形式，式（8.12）描述的都是只有线性量子场作用的系统。因此，任何在系统中的非线性因素都被线性化了，由非线性而产生的混沌运动特征也随之消失。量子系统都具有波粒二象性，但对式（8.12）描述的系统来说并不能真正体现这一点。因为无论 $V(x,t)$ 取什么样的形式，由方程的解所构成的波包总是要扩散的（参见第 4 章 4.3.2 节），而不能与一个运动粒子相对应，这是由于式（8.12）是仅存在色散效应的线性方程。为使波函数方程的解能够得到一个与运动粒子相对应的波包，可将式（8.12）加上一个非线性项 $|\psi|^2\psi$，变为

$$i\hbar\frac{\partial\psi}{\partial t}=-\frac{\hbar^2}{2m}\frac{\partial^2\psi}{\partial x^2}+V(x)\psi+b|\psi|^2\psi \tag{8.23}$$

式（8.23）称为非线性薛定谔方程。非线性项 $|\psi|^2\psi$ 又称为自相位调制项，对波包产生与色散项 $\nabla^2\psi$ 相反的作用，因阻止波包的扩散而形成一个稳定的波包——孤立波。

如果取位势 $V(x)=0$ 的位置，可以把式（8.23）转化为第 4 章式（4.21）的非线性薛定谔方程的形式

$$i\frac{\partial\psi}{\partial t}+\beta\frac{\partial^2\psi}{\partial x^2}-\alpha|\psi|^2\psi=0 \tag{8.24}$$

设解的形式为

$$\psi=u(x-v_0 t)\mathrm{e}^{\mathrm{i}(kx-\omega t)}=u(\xi)A\mathrm{e}^{\mathrm{i}(kx-\omega t)} \tag{8.25}$$

可以得到方程的解为

$$u(\xi)=\pm\sqrt{\frac{\alpha}{2\gamma}}\mathrm{sech}\sqrt{\frac{\gamma}{\beta}}\xi \tag{8.26}$$

式中 $\gamma=\omega-k^2\beta=\omega-v_0^2/4\beta$，$\beta$ 表示线性色散系数，α 表示非线性色散系数。

非线性薛定谔方程的解是如图 8.13 所示的光弧子波包。

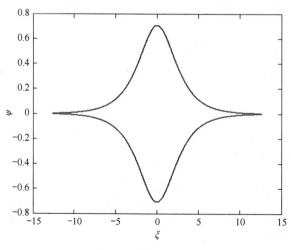

图 8.13　光孤子波包

孤立波在传播时有确定的动量和位置，线性叠加原理不再成立。$|\psi|^2$ 也不再表示粒子的概率，而表示粒子存在的密度大小。可见一旦加上非线性后，线性量子力学的特征就消失了。当式（8.24）受到一个周期扰动变为不可积时，它对式（8.26）的影响将会导致混沌的产生。这种混沌具有与经典力学系统完全相同的特征。虽然孤立波在运动中有与经典粒子相似的特性，服从一些经典粒子运动的规律，但在其混沌运动状态下，则可能产生许多不同的特性。因为经典系统中的混沌仅影响运动粒子在相空间中的轨道，而对粒子本身并不产生影响。非线性量子力学系统的混沌则不仅对粒子的运动产生影响，还将对粒子的内部特性产生影响。因此，或许关于"孤立波"的混沌运动状态能被称为量子混沌运动。

由上面的结果可见，非线性与量子统计解释、不确定原理是不相容的。一旦非线性出现在力学系统的量子描述中，线性量子系统的不可预测性就会立即消失。因此，在非线性系统中只会有确定性的不可预测性存在，而不存在由不确定性产生的随机性。不少人认为对量子混沌学的研究已经给现有的量子力学以巨大的冲击。人们对量子混沌运动机制的进一步探讨，以及对量子系统涉及散射的混沌运动的理论及实验方面的深入研究，必将大大推动量子力学理论的发展。

（4）半经典理论方法[83, 84]

半经典理论的基本假设是，体系是由小粒子组成的，这些小粒子之间存在着量子力学的相互作用，而整个体系可以用经典力学的方法来描述。

从对应原理来看，在经典描述中，系统有周期运动和混沌运动两种不同本质的运动，在量子描述中也应该有两种不同的运动。尽管这两种运动在量子描述中不具有经典意义上的周期运动和混沌运动的差别，但仍可把与经典混沌运动相对应的部分称为量子不规则或量子混沌运动。

虽然在纯粹的量子力学描述中找不到系统运动的混沌特征，但是经过多年的研究，人们的确发现了一些与经典混沌运动相对应的量子不规则运动（主要表现为动力学演化、能谱统计和定态波函数形式），并建立起了一种半经典理论，即将量子力学与经典力学结合起来，用经典力学描述量子效应，并利用经典一量子的对应关系来解决一些不能用微扰处理的不可积系统的量子力学问题。

从量子与经典系统的对应关系来看，在高激发态下，量子系统的能级逐渐趋于连续，出现了经典运动系统的特征。可以通过一个简单的例子来观察这种特性，如图 8.14 所示。这是一个氢原子在强磁场下所显示出混沌行为的庞加莱截面图，其电子轨迹表现出混乱的散射状态。在通常情况下（无磁场时），氢原子的电子紧紧地被质子束缚着，表现出量子力学的特征，氢原子不会是连续的能量，只能是离散的或是量子化的能级。但是伴随着原子的能量增加，电子的运动会与质子的距离变大，如果能量足够大（但不是大到使得原子失去了对电子的束缚），能级就会紧密到准连续状态，从而过渡到经典力学规律的范畴。

若经典运动系统做混沌运动，则量子运动的不可预测性被经典的混沌运动的不可预测性取代，两种不可预测性发生了转换。这似乎表明不可预测性具有普遍性。当经典的不可预测性出现时，量子的不可预测性就将消失，反之亦然。而在半经典量子与经典量子的相互过渡时期，两种不可预测性将同时存在。这就是人们总是在半经典的情况下来研究量子混沌的原因。只有在半经典的情况下，量子系统中才会出现经典混沌运动的特征。

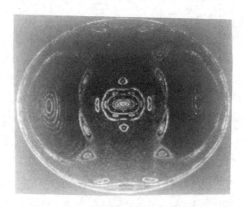

图 8.14　强磁场中氢原子的庞加莱截面

　　经典哈密顿系统可分为可积系统与不可积系统[5]，它们所对应的量子系统在能级、波函数上有不同的特征。量子混沌所涉及的系统一般是比较复杂的系统，实际上，可积系统是一类非常特殊的例子，绝大部分哈密顿系统是不可积的，而且一般来说，不可积哈密顿系统都显示为混沌运动。对于绝大多数哈密顿系统，通过解析方法求其解析解是很困难的，但在数值上可以借助庞加莱映射降维的方法区分系统的可积与不可积，尤其对两个自由度的哈密顿系统还是容易实现的。

后　　记

　　混沌世界是一个由复杂系统构成的神秘宫殿，这个宫殿里充满了因"非线性因素"而产生的各种"蝴蝶效应"。走进混沌世界的目的是揭开其神秘面纱，认识其内在规律，从而利用其有利因素，控制其不利因素，使其为人类服务。

　　在第一章中，混沌效应表明，系统中的微小扰动可以通过非线性的相互作用被放大，最终导致系统行为的巨大变化。这一现象在气象学、物理学、生物学等领域都有广泛的应用。例如，在气象学中，由于蝴蝶效应，长期天气预报变得极为困难。混沌理论可以解释天气系统的不可预测性，并改进短期天气预报的准确性。在生物学中，许多生物过程，如心脏节律、脑电波等，表现出混沌特性。通过混沌理论，我们可以更好地理解和干预这些生理过程。在经济学中，金融市场中的价格波动和经济周期也表现出混沌行为，混沌理论为分析和预测市场行为提供了新的视角。

　　在第二章中，分形理论具有自相似性的几何形状，这些形状在不同尺度下具有相似的结构。因此，分形理论可以用来描述和模拟自然界中的许多复杂形态，如海岸线、山脉、河流网等。在医学图像处理中，分形理论可以分析和处理复杂的生物组织图像，如血管网络和脑皮层结构。在计算机图形学方面，分形几何可以用于生成逼真的自然景观，如山脉、树木和云层等。

　　在第三章中，混沌控制的目的是通过适当的方法控制混沌系统，使其行为变得可以预测。例如，在医学中，混沌控制技术可以用来控制心脏的混沌行为，恢复正常心律，治疗心律失常。又如，激光器输出可能表现出混沌行为，混沌控制可以提高激光器输出的稳定性，提高其在通信和测量中的应用性能。

　　在第四章中，利用混沌系统的不可预测性来加密通信信号，实现混沌保密通信，使其难以被破解。这种方法被广泛应用于安全通信中，特别是在军事和金融领域。例如，在军事通信和金融数据传输中，通过混沌保密通信技术提高信息传输的安全性，防止信息被截获和破解。在光孤子通信的应用方面，光孤子在光纤中具有维持其形状不变的特性，在光纤传输中可以抵抗色散和非线性效应，保持信号的完整性。这一特性使得光孤子通信在高速长距离光纤通信中具有重要应用，可以显著提高通信速度和质量。利用光孤子的稳定性，可以在光学介质中实现高密度数据存储。

　　在第五章和第六章中，元胞自动机和自组织理论可以用于模拟生态系统中的种群动态和食物链关系，帮助理解生态系统的稳定性和多样性。在城市规划方面，通过模拟城市发展的自组织过程，元胞自动机理论可以用于优化城市规划和资源配置。在材料科学中，自组织理论用于研究纳米材料的自组装过程，提高材料的性能和功能。

　　在第七章中，湍流现象是流体力学中的一种复杂行为，表现为流体的无规则、不可预测的运动。湍流是典型的混沌系统，其研究在航空航天、气象学和海洋学等领域都具有重要意义。在航空航天方面，通过控制湍流现象，可以提高飞行器的设计和性能，减少燃料消耗，减小空气阻尼。在气象预报方面，因为湍流对大气运动有着重要影响，所以研究湍流现象可以改进天气预报的准确性。在海洋工程方面，研究湍流现象可以提高海洋工程的安全性和可靠性。

在第八章中，我们看到相对论在解释宇宙大尺度结构和黑洞现象方面具有的重大意义，量子力学则在研究宇宙的起源和演化中扮演着重要角色。在高能物理方面，相对论和量子力学在粒子物理学中得到广泛应用，特别是在粒子加速器的实验中起到十分重要的作用。量子力学的原理在量子计算和量子通信中的重要应用推动了信息科技的革命性进展。

由混沌理论、分形理论、混沌控制、混沌保密通信、光孤子通信、元胞自动机理论、自组织理论、湍流现象、相对论等非线性系统构成了一个复杂系统。复杂系统提供了理解和描述自然界及社会中复杂现象的重要工具。通过研究这些系统，不仅可以揭示自然界的奥秘，还可以为工程、经济、社会等领域提供创新的解决方案。随着研究的深入，复杂系统将继续推动科学技术的发展，解决更加复杂和多样化的问题。在未来，复杂系统的交叉融合将催生更多的创新应用。例如，结合量子力学和混沌理论，可能在量子计算和通信中实现更高效的加密和解密技术；利用自组织理论和分形理论，可以在材料科学中开发出具有自适应功能的新型材料；借助元胞自动机理论和湍流研究成果，可以在城市规划和交通管理中实现更智能化的调控系统。通过跨学科的研究和应用，复杂系统不仅能够解决当前的实际问题，还将引领未来的科技创新和发展。

参 考 文 献

[1] John Guckenheimer, Philip Holmes. Nonlinear Oscillations, Dynamical Systems, and Bifurcations of Vector Fields[M]. New York: Springer-Verlag, 1999.

[2] 刘秉正，彭建华．非线性动力学[M]．北京：高等教育出版社，2004．

[3] 赵文礼．测试技术基础：第 2 版[M]．北京：高等教育出版社，2019．

[4] Jeffrey R Chasnov. Nonlinear Dynamical Systems[J]. Student papers for Math 164: Scientific Computing Spring, 2013.

[5] 赵文礼，王林泽．非线性系统与微弱信号检测[M]．北京：高等教育出版社，2023．

[6] 范剑，赵文礼，王万强．基于 Duffing 振子的微弱周期信号混沌检测性能研究[J]．物理学报，2013，62（18）：54-59．

[7] 赵文礼，范剑，吴敏，等．微弱信号混沌检测的自跟踪扫频控制方法[J]．控制理论与应用，2014,31(02): 250-255．

[8] 赵文礼，黄振强，赵景晓．基于 Duffing 振子的微弱信号检测方法及其电路实现[J]．电路与系统学报，2011，16（6）：120-124．

[9] 黄润生，黄浩．混沌及其应用：第 2 版[M]．武汉：武汉大学出版社，2006．

[10] 王林泽，高艳峰，李子鸣．基于新蝶状模型的混沌控制及其应用研究[J]．控制理论与应用，2012，29（7）：916-920．

[11] 詹姆斯·格雷克．混沌[M]．北京：人民邮电出版社，2021．

[12] 郝柏林．从抛物线谈起——混沌动力学引论[M]．上海：上海科技教育出版社，1997．

[13] 刘式达，梁福明，刘式适，等．自然科学中的混沌和分形[M]．北京：北京大学出版社，2003．

[14] 张玉兴，赵宏飞，向荣．非线性电路与系统[M]．北京：机械工业出版社，2007．

[15] M Hénon. A two-dimensional mapping with a strange attractor[J]. Communications in Mathematical Physics, 1976, 50(1): 69–77.

[16] 郝柏林．分岔、混沌、奇怪吸引子、湍流及其它——关于确定论系统中的内在随机性[J]．物理学进展，1983，(03): 329-416．

[17] 郑伟谋，郝柏林．实用符号动力学[M]．上海：上海科技教育出版社，1994．

[18] 胡岗．随机力与非线性系统[M]．上海：上海科技教育出版社，1995．

[19] Gammaitoni L, Hanggi P, Jung P, et al. Stochastic resonance[J]. Rev. Mod. Phys., 1998, 70: 223-287.

[20] Zhao W, Wang J, Wang L. The unsaturated bistable stochastic resonance system.[J].Chaos An Interdisciplinary Journal of Nonlinear Science, 2013, 23(3):175.

[21] Zhao W, Wang L, Fan J .Theory and method for weak signal detection in engineering practice based on stochastic resonance[J]. International Journal of Modern Physics B, 2017, 31(11):1750212.

[22] 赵文礼,刘进,殷园平．基于随机共振原理的中低频信号检测方法与电路设计[J]．仪器仪表学报，2011，32（04）：721-728．

[23] 王林泽，张亮，赵文礼．一种新的随机共振模型的电路设计与信号检测实验研究[J]．电路与系统学报，

2013，18（02）：482-487.

[24] 王林泽，赵文礼，陈旋. 基于随机共振原理的分段线性模型的理论分析与实验研究[J]. 物理学报，2012，61（16）：50-56.

[25] 王林泽，陈旋，赵文礼. 基于分段线性随机共振模型的信号检测电路研究[J]. 电路与系统学报，2010，15（06）：32-38.

[26] 赵文礼，田帆，邵柳东. 自适应随机共振技术在微弱信号测量中的应用[J]. 仪器仪表学报，2007，28（10）：1787-1791.

[27] 范剑，赵文礼，张明路，檀润华. 随机共振动力学机理及其微弱信号检测方法的研究[J]. 物理学报，2014，63（11）：119-129.

[28] 李水根，吴纪桃. 分形与小波[M]. 北京：科学出版社，2002.

[29] 王东生，曹磊. 混沌、分形及其应用[M]. 合肥：中国科学技术大学出版社，1995.

[30] Show S N, Hale J K. Methods of Bifurcation Theory[M]. New York: Springer-Verlay, 1982.

[31] 钟云霄. 混沌与分形浅谈[M]. 北京：北京大学出版社，2010.

[32] A. Hübler, E. Lüscher. Resonant stimulation and control of nonlinear oscillators[J]. Naturwissenschaften, 1989, 76(2):67-69.

[33] Ott E, Grebogi C, Yorke J A. Controlling Chaos[J]. Phys. Rev. Lett., 1990, 64(11).

[34] Pecora L M, Carroll T L. Synchronization in chaotic systems[J]. Phys. Rev. Lett., 1990, 64.

[35] 胡岗，萧井华，郑志刚. 混沌控制[M]. 上海：上海科技教育出版社，2000.

[36] 王光瑞，于熙龄，陈式刚. 混沌的控制、同步与利用[M]. 北京：国防工业出版社，2001.

[37] Ditto W L, Rauseo S N, Spano M L. Experimental control of chaos[J]. Phys. Rev. Lett., 1990, 65.

[38] 王林泽，赵文礼. 外加正弦驱动力抑制一类分段光滑系统的混沌运动[J]. 物理学报，2005，(9)：4038-4044.

[39] Zhao W, Wang L. Suppressing of Chaotic State Based on Delay Feedback[J]. Springer Berlin Heidelberg, 2006. DOI: 10.1007/978-3-540-37256-1_77.

[40] 赵文礼，王林泽. 机械振动系统随机疲劳和间隙非线性[M]. 北京：科学出版社，2006.

[41] 童培庆. 混沌的自适应控制[J]. 物理学报，1995，44（2）：169-176.

[42] Carroll T L, Pecora L M. Synchronization in chaotic systems[J]. Physical Review Letters, 1990, 64(8).

[43] Kocarev L, Parlitz U. General approach for chaotic synchronization with applications to communication[J]. Phys. Rev. Lett., 1995, 74: 5208.

[44] Pyragas K. Predictable chaos in slightly perturbed unpredictable chaotic systems[J]. Phys. Lett. A, 1993, A181(3): 203-210.

[45] 胡岗. 混沌动力学讲义[EB/OL]. http://***/item/forwin8.

[46] Peterman D W, Ye M, Wigen P E. High Frequency Synchronization of Chaos[J]. Physical Review Letters, 1995, 74(10):1740-1742.

[47] 席德勋. 非线性物理学[M]. 南京：南京大学出版社，2000.

[48] 刘建东，刘建猷. 混沌吸引子的不稳定周期轨道与保密通信[J]. 通信保密，1997（1）：13-15.

[49] 梅文华，杨义先. 跳频通信地址编码理论[M]. 北京：国防工业出版社，1996.

[50] 刘式适，刘式达. 物理学中的非线性方程[M]. 北京：北京大学出版社，2000.

[51] 李学伟，吴今培，李雪岩. 实用元胞自动机导论[M]. 北京：北京交通大学出版社，2013.

[52] Wolfram, Stephen. A New Kind of Science[M]. Wolfram Media, 2002.

[53] Wolfram, Stephen. Statistical mechanics of cellular automata[J]. Reviews of Modern Physics, 1983, 55(3): 601-644.

[54] Ilachinski, Andrew. Cellular Automata: A Discrete Universe[J]. World Scientific, 2001.

[55] Nagel K, Schreckenberg M.A cellular automaton model for freeway traffic[J].Journal de Physique I, 1992, 2(12):2221-2229.

[56] 王兴元. 复杂非线性系统中的混沌[M]. 北京：电子工业出版社，2003．

[57] Victor J D .What can automaton theory tell us about the brain?[J].Physica D: Nonlinear Phenomena, 1990, 45(1-3):205-207.

[58] Ermentrout G B, Edelstein-Keshet L. Cellular Automata Approaches to Biological Modeling[J]. Journal of Theoretical Biology, 1993, 160: 97-133.

[59] Wolfram,Stephen.Cellular automata as models of complexity[J].Nature, 1998, 311(5985):419-424.

[60] Gardener M .MATHEMATICAL GAMES: The fantastic combinations of John Conway's new solitaire game "life" [J]. Scientific American, 1970, 223:120-123.

[61] 约翰·格瑞宾. 新物理学[M]. 北京：生活·读书·新知三联书店，2003．

[62] 吴彤. 自组织方法论研究[M]. 北京：清华大学出版社，2001．

[63] 埃里克·詹奇. 自组织的宇宙观[M]. 曾国屏，等译. 北京：中国社会科学出版社，1992．

[64] 赵景员，王淑贤. 力学[M]. 北京：人民教育出版社，1979．

[65] H J Lugt. Vortex Flow in Nature and Technology[M]. New York: John Wiley & Sons, 1983.

[66] 王振东. 流体涡旋漫谈[J]. 现代物理知识，2012，24（02）：9-16+8．

[67] 百度图片库〔CM/OL〕. [2023]. https://***/item.

[68] 王振东. 风如拨山怒，雨如决河倾——漫话台风[J]. 力学与实践，2011，33（1）：97-100．

[69] 王振东. 龙尾不卷曳天东——漫话龙卷风[J]. 力学与实践，2010，32（4）：112-115．

[70] 王振东. 平沙莽莽黄入天——漫话沙尘暴[J]. 自然杂志，2009，31（6）：360-362．

[71] Glossary of meteorology-tornado[J]. American Meteorological Society. AMS, 2013, 10(08).

[72] Whirlwind-Encyclopaedia Britannica[J]. Encyclopaedia Britannica. 2011, 12(16).

[73] Trapp R J, Stumpf G J, Manross K L. A reassessment of the percentage of tornadic mesocyclones[J]. Weather and Forecasting, 2005, 20(4): 680-687.

[74] 爱因斯坦. 狭义与广义相对论浅说[M]. 北京：北京大学出版社，2022．

[75] 伦纳德·史密斯. 混沌理论[M]. 北京：外语教学与研究出版社，2021．

[76] 郭士堃. 广义相对论导论[M]. 成都：电子科技大学出版社，2005．

[77] Cornish N J, Levin J J .The Mixmaster Universe is Chaotic[J]. Physical Review Letters, 1997, 78(6): 616-618.

[78] Levin,Janna.Chaos may make black holes bright[J]. Physical Review D: Particles and fields, 1998, 60(6): -. DOI:10.1103/PhysRevD.60.064015.

[79] 顾雁. 量子混沌[M]. 上海：上海科学技术出版社，1996．

[80] Fritz Haake. Quantum Signatures of Chaos (Third Edition))[M]. Springer, 1991.

[81] 张三慧. 大学物理学 第四册 波动与光学：第2版[M]. 北京：清华大学出版社，2000．

[82] Marklof,J.Arithmetic quantum chaos[J]. Encyclopedia of Mathematical Physics, 2006: 212-221.

[83] Wang W G, Casati G, Li B .Stability of quantum motion in regular systems: A uniform semiclassical approach[J]. Physical Review E Statistical Nonlinear & Soft Matter Physics, 2007, 75(1 Pt 2):016201.

[84] Wang W G, Baowen L I .STABILITY OF QUANTUM MOTION: A SEMICLASSICAL APPROACH[J]. International Journal of Modern Physics, B. Condensed Matter Physics, Statistical Physics, Applied Physics, 2007(23/24):21.